ネイチャーガイド・シリーズ
宝 石

化学同人

ネイチャーガイド・シリーズ

宝 石

文／ロナルド・ルイス・ボネウィッツ
訳／伊藤　伸子

化学同人

Nature Guide　Gems
Copyright © 2013 Dorling Kindersley Limited
A Penguin Random House Company

Japanese translation rights arranged with
Dorling Kindersley Limited, London
through Fortuna Co., Ltd., Tokyo
For sale in Japanese territory only.

ネイチャーガイド・シリーズ

宝　石

2015年6月1日　第1刷発行
2023年8月20日　第3刷発行

文　　ロナルド・ルイス・ボネウィッツ
訳　者　伊藤伸子
発行人　曽根良介
発行所　株式会社化学同人

〒600-8074　京都市下京区仏光寺通柳馬場西入ル
TEL：075-352-3373　FAX：075-351-8301

装　　丁　岡崎健二
本文DTP　悠朋舎/グローバル・メディア

JCOPY〈出版者著作権管理機構委託出版物〉
本書の無断複写は著作権法上での例外を除き禁じられています．複写される場合は，そのつど事前に，出版者著作権管理機構（電話 03-5244-5088，FAX 03-5244-5089，email：info@jcopy.or.jp）の許諾を得てください．

無断転載・複製を禁ず
Printed and bound in China

ⓒ N. Ito 2015
ISBN978-4-7598-1587-0

乱丁・落丁本は送料小社負担にて
お取りかえいたします．

For the curious
www.dk.com

目　次

はじめに		合成宝石	34	
宝石とは？	8	歴史と民間伝承	36	
宝石の生成	10	宝石の収集	38	
結　晶	12			
宝石の分類	16	**宝　石**		
物理的特性	18	貴金属	42	
光学特性	20	カット石	49	
宝石の産地	24	生物のつくる宝石	202	
宝石の採掘	26			
宝石のカット	28	用語解説	214	
研磨と彫りこみ	30	索　引	218	
エンハンスメント	32	謝　辞	223	

本書の見方

宝石名
(和名|英名)

性　質
(代表的なカット
方法も図示)

いろいろな形状
上記以外のカット
石や変種

利用例

化学組成

記　号
- 構　造
- 硬　度
- 比　重
- 屈折率
- 光　沢
- 岩石の分類
- 主要構成鉱物
- 副成分鉱物

はじめに

宝石とは？

宝石とは体や衣服など身の回りを飾るために磨き上げられた鉱物である。貴石あるいは半貴石とも呼ばれる。岩石（黒曜石など）や生物由来の物質（こはくなど）を含める場合もある。たいていの宝石は鉱物を研磨してつくられる。

鉱物、結晶、宝石

天然に産出する無機物質のうち一定の化学組成と一定の原子配列をもつものを鉱物という。鉱物中の原子が規則正しく並ぶと結晶が生成する。ダイアモンドやルビー、サファイアなど透明の宝石は結晶や結晶のかけらを研磨してつくられる。翡翠やマラカイトなど半透明や不透明の宝石は、顕微鏡でようやく見えるほどの微小な結晶の集合体からつくられる。黒曜石や生物起源の宝石など結晶構造をもたない宝石もある。

美しさ

宝石といえば一番の特徴はその美しさにある。宝石の美しさは原石にカッティングを施すことによって引き出される。きらめくダイアモンド、虹色のオパール、やわらかな色合いの翡翠、どの宝石の原石もその石ならではの性質を秘めている。このような性質を原石からいかにうまく引き出すかは加工職人の腕次第である。石の形、台座、色と光の混じり合う様、この三つが最も美しく調和するように宝石加工職人は原石を磨き上げる。形と色とファイアの間には無限の組合せがある。もちろん石そのものにも無数の美しさがある。光の当て方や見る角度を変えると異なる色や反射が現れる石もある。

宝石をちりばめた孔雀
オパール、サファイア、ダイアモンドをあしらったブローチ。独創的な宝石の使い方によっても価値が上がる。

紫の美
タンザナイトはとても強く魅力的な青色を示すことから高い評価を得ている、比較的新しい宝石である。

色とりどりのサファイア
青色と思われがちなサファイアだが、実はコランダム（鋼玉）という鉱物の変種であり、さまざまな色調を示す。

希少性

美しい宝石にはうっとりさせられるが、これに希少性が加わるとさらに魅力が増す。希少性とはエメラルドのように宝石となる原石そのものがあまり産出しないことを意味する。また他の宝石ではめったに見られない色合いや透明度を示す場合も希少性があるという。たとえば石英はいくつかの色を示す、ありふれた鉱物である。ところが紫色を示す石英の半貴石変種アメシストの中でもより深く濃い赤紫色を示す石は産出量が少なく最高品質とされる。

アルマンディン

ルビー

スターファセット

わずかな産出量
ガーネットとルビーは希少宝石の双璧といってよい。ルビーの方が高価だが、その一因は希少性にある。またルビーの方が硬く、強い赤色を示すこともいっそう価格を引き上げている。

耐久性

「ダイアモンドは永遠に」という言葉は宝石に求められるだいじな要素、すなわち耐久性をうまくいい表している。宝石の耐久性は硬度、靭性、劈開性によって決まる（p.18、19）。また宝石は日常生活の中で触れる化学物質の影響を受けてもいけない。このような基準を満たさない原石は装身用ではなくもっぱら収集家向けに研磨される。

ダイアモンドの指輪

ブルージョンの指輪

硬度、靭性、劈開性
ダイアモンドは最も硬い物質であり、簡単には傷つかない。ブルージョンは軟らかいうえに傷つきやすく、簡単に割れる。

ダイアモンド　　ブルーサファイア

価値の高い宝石
「4C」では色の彩度と純度に着目する。無色のダイアモンドは色がないことに価値があり、ブルーサファイアは色の深さに価値がある。

宝石の価値

宝石の価値は「4C」、すなわち色（color）、透明度（clarity）、カット（cut）、カラット（carat）によって決まる。色はとくに彩度（鮮やかさ）と純度に着目する。傷やインクルージョンが少ないほど透明度は上がる。カットについては研磨技術の完成度を評価する。カラットは宝石の重さを表す単位である。この4Cを満たしたうえで、さらに宝石の価値を左右する要素が二つある。全体の美と希少性である。大きな石は小さな石よりも希少性が高いが、重さと価格は単純に比例しない。たとえば原石の重さが2倍になると、価格が4〜5倍になる石もある。

宝石の生成

宝石はおもに地質作用（地球をつくり出し、形づくり、つくり変える働き）によって生成するが、生物に起源をもつものもある。成り立ちは異なるものの生物起源の宝石の中には、地質作用に起因する宝石と化学的、構造的に同一のものも存在する。

岩石

宝石の原石は、地球の中で岩石が生成するときにつくり出される。岩石そのもの、岩石を構成する結晶、あるいは岩石が生成したときに残った流体から生じる結晶が原石となる。また既存の岩石が変成作用を受けて別の岩石となった結果、生じる原石もある。岩石には火成岩、変成岩、堆積岩の3種類があり、いずれも原石をつくり出す。

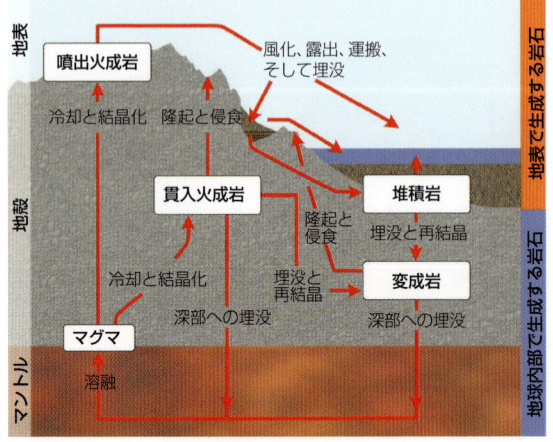

岩石の循環 岩石（原石も含む）は生成しては壊れてまた生成する。この終わりのない繰返しは現在も進行中である。

火成岩はマグマから生成する。ペリドットやダイアモンドは岩石の一部としてマグマから直接結晶化する。トパーズはマグマから放出された流体が結晶化した熱水鉱脈で産出する。

変成岩は既存の岩石が熱と圧力を受け、溶けることなく変質して生成する。火成岩、堆積岩、別の変成岩のいずれもが変成岩になりうる。ルビーやサファイアは変成作用によってつくられる。

堆積岩は岩石の破片、植物や動物の化石、淡水や海水中の化学物質から生成する。堆積作用を受けて生成する宝石にはアラバスター、セレスチン、方解石などがある。

火成岩中のトパーズ

変成岩中のスタウロライト

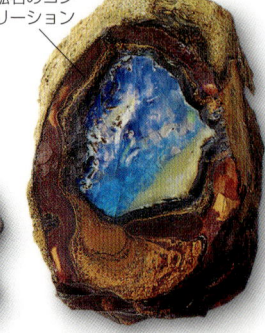

堆積岩中のプレシャスオパール

成因の異なる岩石と宝石
火成岩由来の宝石は溶岩あるいは液状の溶融から生成する。変成岩由来の宝石は、熱と圧力を受けた鉱物が溶けることなく変質して生成する。堆積岩由来の宝石は水に溶けた化学物質から生成する。

宝石の生成　11

変化する岩石

生まれたばかりの地球には溶岩から生成した火成岩しか存在しなかった。これらの岩石は長い年月をかけて砕けては変成作用を受け、溶けて固まってはまた溶けて粉々になってを繰り返してきた。地球上の岩石は終わることなく形を変え続けている（岩石の循環、左ページ参照）。地質条件が変わるたびに新たな岩石が生成し、異なる宝石が産出する。やがて岩石は粉々の砂礫となり濃集して、また別の岩石に形を変える。砂礫の濃集した砂鉱床から採取される宝石もある。

雲母片岩

錐状の結晶

メノウの層

ガーネットの結晶

片岩の中のガーネット
既存の岩石が変成作用を受けて生成したアルマンディン（ガーネットの一種）の結晶。既存の鉱物も溶けないまま再結晶した。

アメシストの晶洞
球状の石の中の空洞（晶洞）で生成したアメシストの結晶。溶岩流が固まってできた空洞にシリカに富む水が流れこんで生成した。

生物のつくる宝石

生物のつくる宝石は一般に結晶質の物質を含むものと含まないものとに分けられる。真珠、真珠層、貝殻、サンゴはいずれも地質作用ではなく生物の活動によって生成する結晶質の鉱物からなる。真珠、貝内面の真珠層や貝殻をつくる鉱物の主成分は炭酸カルシウムである。多くの軟体動物では外套膜の細胞から炭酸カルシウムが分泌されアラゴナイトや方解石となる。硬いサンゴの場合はポリプから鉱物成分が分泌される。生物のつくる非晶質の宝石は樹液（こはくやコーパル）、樹木（ジェット）、象牙質（象牙）、コンキオリン（黒サンゴ）など有機物からなる。

海岸のこはく
ヨーロッパ北部の海岸に打ち上げられたこはく。最終氷期の終わる頃、地上に水があふれて水没した樹木の樹脂が化石化した。

結 晶

宝石はほとんどの場合、結晶質の鉱物（原子が空間的に特定の配列を繰り返す固体）を研磨してつくられる。鉱物内部の原子配列が幾何学的な形に並び、平らな面をつくると結晶となる。

結晶の対称性

結晶には対称性があり、これをもとに結晶系に分類される。以下では回転対称を示す軸に基づく結晶系を説明する。ある図形を1本の軸の周りに回転させると、1回転させる間に1回以上同じ図形が現れる。このような性質の軸を回転軸（回転対称軸、対称軸）という。たとえば360度回転させる間に同じ形が4回現れる軸を4回回転軸という。

立方晶系

立方晶系は等軸晶系ともいう。立方晶系の結晶は4本の3回回転軸をもつ。立方晶系に含まれる結晶の形は立方体、八面体、十二面体である。金、銀、白金、ダイアモンド、スピネル（尖晶石）など。

正方晶系

正方晶系の結晶には1本の4回回転軸がある。外観は、横断面が正方形、縦方向に伸びた細長い正四角柱を示す。宝石となる鉱物で正方晶系に属するものはそれほど多くない。ベスビアナイト（ベスブ石）、ルチル（金紅石）、スカポライト、ジルコンなど。

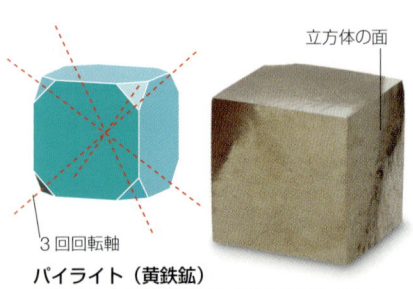

パイライト（黄鉄鉱）
典型的な立方晶系の結晶形を示すパイライト。全結晶系の中で最も多くの回転軸をもつのは立方晶系の結晶である。

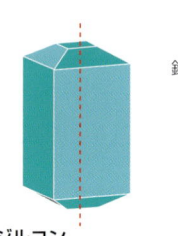

ジルコン
典型的な正方晶系の結晶形を示すジルコン。両端が錐面の四角柱である。正方晶系には直方体を示す結晶も多い。

六方晶系、三方晶系

六方晶系の結晶は6回回転軸、三方晶系の結晶は3回回転軸をもつため両者を分けて考えることがある。一方で、共通の幾何学的な性質を示すことから単一の結晶系とする考え方もある。六方晶系にはエメラルド、アクアマリン、アパタイト（燐灰石）など、三方晶系には方解石、石英、トルマリン（電気石）などがある。

ミルキークォーツ
ミルキークォーツの結晶は六方晶系／三方晶系で産出する。写真は両端が錐面の三角柱状の結晶。

結晶　13

単斜晶系

単斜とは「1本の結晶軸が傾いている」ことを意味する。単斜晶系の結晶は1本の2回転軸をもつ。単斜晶系には、宝石も含め最も多くの鉱物が属する。ジプサム（雪花石膏、サテンスパー）、正長石（ムーンストーン）、翡翠（ネフライト、ジェダイト）、アズライト（藍銅鉱）、マラカイト(孔雀石)、リチア輝石(ヒッデナイト、クンツァイト)、サーペンチン（蛇紋石）、ダイオプサイド（透輝石）、メアシャム、スフェーンなど。

正長石

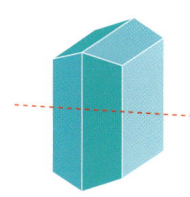

単斜晶系
セレナイトの結晶は理想的な単斜晶系を示す。3本の結晶軸のうち長軸と1本の短軸は直交し、もう1本の短軸は斜交する。

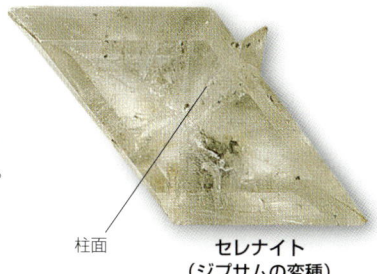

セレナイト
（ジプサムの変種）

斜方晶系

英語表記 orthorhombic は「直交する平行四辺形のような形をした」を意味する。斜方晶系の結晶は3本の2回回転軸をもち、外観はシリアルの箱に似る。かんらん石（ペリドット）、クリソベリル（金緑石、アレキサンドライト）、アラゴナイト（霰石）、アイオライト、スタウロライト（十字石）、ゾイサイト（灰簾石、タンザナイト）、トパーズ、バライト（重晶石）など。

三斜晶系

三斜晶系の結晶は全結晶系の中で対称性が最も低い。回転軸がなく、結晶の三次元構造のどの方向についても対称性を示さない。したがって結晶は自由な形が多い。オリゴクレース（灰曹長石、サンストーン）、マイクロクリン（微斜長石、アマゾナイト）、アルバイト（曹長石、ある種のムーンストーン）、トルコ石など。

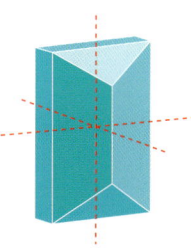

トパーズ
一般的な斜方晶系の結晶形を示すトパーズ。長さの異なる2本の短軸が1本の長軸と互いに直交する。

アマゾナイト
アマゾナイト（微斜長石の緑色の変種）の結晶は三次元構造のいずれの方向にも対称性を示さない。

≫ 結晶の成長

原子あるいは分子からなる特定の構造単位が周期的に三次元配列したものを結晶という。結晶面の位置と形は構造単位の対称性を反映する。結晶が生成したときの地質条件によって成長する結晶面は異なる。結晶の外形を晶癖という。

双　晶

同じ種類の単結晶が2個以上結合して、対称性をもったまま成長した結晶を双晶という。双晶は形態から接触双晶と貫入双晶に分けられる。貫入双晶にはスタウロライト（十字石）のように結晶がある角度をなして結合する場合と、オーソクレース（正長石）のカールスバッド双晶のように平行に結合する場合とがある。3個以上の結晶からなる双晶を多重双晶あるいは反復双晶という。ある種のムーンストーンに特有の輝きは多重双晶によってつくり出される。

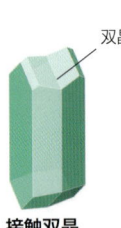

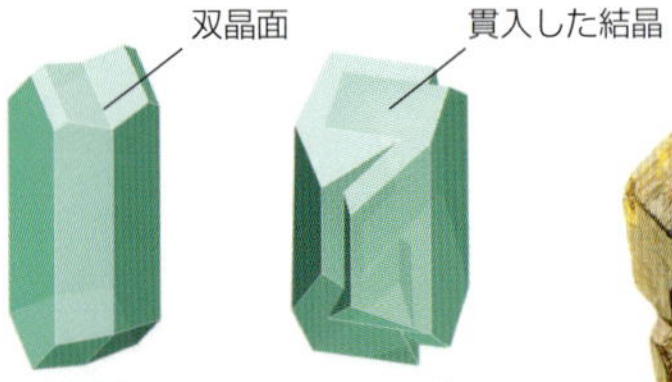

接触双晶　　**カールスバッド貫入双晶**

接触双晶と貫入双晶
接触双晶では2個以上の結晶が面を接触させたまま成長している。貫入双晶では結晶が互いに入りこんで成長している。

輪座双晶
クリソベリル（金緑石）の輪座双晶。共通の中心から外に向かって放射状に成長した双晶を輪座双晶という。

条　線

結晶表面に現れるたくさんの平行な溝を条線という。詳しく調べると条線は結晶面であることがわかる。結晶が成長するとき2種類の形を規則正しく繰り返すことによって生じる。あるいは斜長石に見られるように多重双晶の結果生じることもある。

条線のある結晶
柱面に平行な条線の入ったルチル（金紅石）。異なる結晶形を繰り返して成長した結果、生成した。

星の輝き
サファイアのスター効果は、一定方向に並んだ微細な針状のルチルを内包することによって生じる。

苔のような模様
苔メノウの樹枝状の模様は、マンガンや鉄の酸化物など他の鉱物を内包することによって生じる。

インクルージョン（内包物、包有物）

鉱物の中に閉じこめられた別の鉱物、液体、気泡をインクルージョンという。多面体に研磨する宝石では欠点とされることもある。一方、インクルージョンが生む独特の効果により価値が上がる宝石もある。サファイアやルビーに見られるスター、サンストーンに見られるスパングル、クリソベリルやクォーツに見られるキャッツアイなど。

結 晶　15

晶癖

結晶の外形やはっきりした外観の特徴を晶癖という。結晶面の形から柱状、錐状と表したり、立体の形を幾何学的に立方体、八面体、あるいは一般的なものにたとえてぶどう状、樹枝状と表したりする。はっきりした形を示さない集合体は塊状と表す。

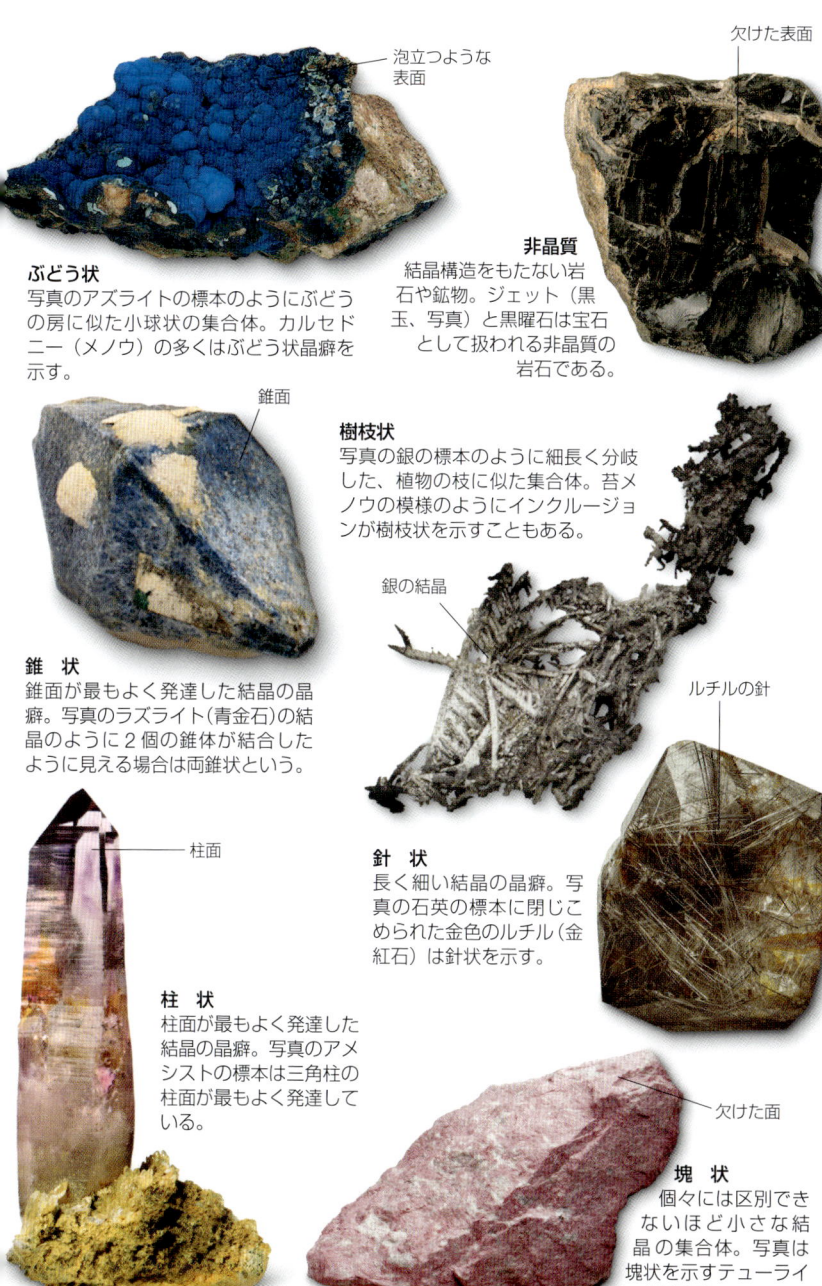

泡立つような表面

欠けた表面

ぶどう状
写真のアズライトの標本のようにぶどうの房に似た小球状の集合体。カルセドニー（メノウ）の多くはぶどう状晶癖を示す。

非晶質
結晶構造をもたない岩石や鉱物。ジェット（黒玉、写真）と黒曜石は宝石として扱われる非晶質の岩石である。

錐面

樹枝状
写真の銀の標本のように細長く分岐した、植物の枝に似た集合体。苔メノウの模様のようにインクルージョンが樹枝状を示すこともある。

銀の結晶

ルチルの針

錐状
錐面が最もよく発達した結晶の晶癖。写真のラズライト（青金石）の結晶のように2個の錐体が結合したように見える場合は両錐状という。

柱面

針状
長く細い結晶の晶癖。写真の石英の標本に閉じこめられた金色のルチル（金紅石）は針状を示す。

柱状
柱面が最もよく発達した結晶の晶癖。写真のアメシストの標本は三角柱の柱面が最もよく発達している。

欠けた面

塊状
個々には区別できないほど小さな結晶の集合体。写真は塊状を示すテューライト（桃簾石）。

宝石の分類

宝石の名前には中世以前に命名されたものが多い。科学的根拠による分類方法の登場よりはるか前のことである。現代ではまず鉱物学に基づいて鉱物種を特定し、さらに細かく変種として識別する。

鉱物の分類

鉱物学では化学組成と内部の原子構造に基づいて鉱物を分類する。たとえばマーカサイト（白鉄鉱）とパイライト（黄鉄鉱）は化学組成は同じだが、内部構造が異なる別の鉱物である。宝石も鉱物学に従って、一つのまとまりとして振る舞う原子の集まりを基準に分類する。

硫化鉱物
金属または半金属が硫黄と結合した化合物からなる。スファレライト（閃亜鉛鉱）は亜鉛と硫黄が結合した硫化鉱物。

スファレライト

元素鉱物
1種類の元素からなる。金などの金属と、ダイアモンド（炭素からなる）などの非金属がある。

ダイアモンド

酸化鉱物
金属または半金属が酸素のみと結合した化合物からなる。コランダム（鋼玉）はアルミニウムと酸素が結合した酸化鉱物。青色のコランダムをサファイアという。

ブルーサファイア

水酸化鉱物
水酸基（水素と酸素からなる）と金属が結合した化合物からなる。ダイアスポアはアルミニウムと水酸基が結合した水酸化鉱物。

ダイアスポア

ハロゲン化鉱物
金属または半金属がハロゲン（塩素、臭素、フッ素、ヨウ素）と結合した化合物からなる。ほたる石はフッ素とカルシウムが結合したハロゲン化鉱物。

ほたる石

アズライト

炭酸塩鉱物
炭酸塩（炭素と酸素からなる）と金属または半金属が結合した化合物からなる。アズライト（藍銅鉱）は銅と炭酸塩が結合した炭酸塩鉱物。

ラズライト

燐酸塩鉱物 リン酸塩（リンと酸素からなる）と金属または半金属が結合した化合物からなる。ラズライト（青金石）はマグネシウムとアルミニウムとリン酸基が結合した燐酸塩鉱物。

硼酸塩鉱物
ホウ素と酸素を含む化合物からなる。ハウライトはホウ素、酸素、ケイ素とカルシウムと水が結合した硼酸塩鉱物。

ハウライト

硫酸塩鉱物
硫黄と酸素からなる塩が金属または半金属と結合した化合物からなる。バライト（重晶石）はバリウムと硫酸塩が結合した硫酸塩鉱物。

バライト

アメシスト

珪酸塩鉱物
ケイ素と酸素に金属または半金属が結合した化合物からなる。石英は金属や非金属と結合しないシリカだけからなり、その紫色の変種をアメシストという。

こはく

生物のつくる鉱物
真珠などははっきりした結晶構造をもつ生物由来の化合物であり、鉱物に分類される。こはくなどは非晶質であることから、鉱物とはみなされない。

宝石の分類 17

化学式

鉱物の化学組成を表す化学式は、鉱物の基本的な構造単位をつくる化学元素の相対的な割合を意味する。同じ種類の鉱物でも化学組成が少しずつ変化することがあり、このような変化も化学式で表される。わずかに混入した元素（微量元素）が鉱物の色に影響を及ぼすことがあるが、これは化学式には含めない。

宝石の名前のつけ方

長い間、宝石は色によって分類されていた。ところが色に基づくと異なる鉱物に属する宝石でも同じ名前になってしまう。たとえば現在ではコランダムの変種に対してのみ用いられる「ルビー」。かつては赤色の宝石の多くにルビーという名前がつけられた。イギリス王室の王冠を飾る「黒太子のルビー」も実はスピネル（尖晶石）である。現在ではトパーズ（鉱物名もトパーズ）のように宝石の名前は原石となる鉱物にちなむが、ルベライトやインディコライト（どちらもトルマリンだが色によって区別される）など古い名前のまま流通する宝石もある。科学の知識が深まるにつれ古い名前は減ってきているものの、科学的根拠や鉱物学的根拠によらない名前もまだ多い。

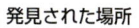
アレキサンドライト

アレクサンドル2世

発見された時代 発見された時代にちなむ名前の宝石もある。アレキサンドライトは一説によるとロシア皇帝アレクサンドル2世の誕生日に発見されたことに由来する。

ベスビアナイト

発見された場所 関係の深い場所にちなむ名前も多い。ベスビアナイト（ベスブ石）は発見されたイタリアのベスビオ火山に由来する。

ベスビオ火山

物理的特性

耐久性は宝石に必須の特性である。磨耗や破損、劣化に対する抵抗力は原石となる鉱物の物理的特性に左右される。ダイアモンドは「永遠」だが、その他の宝石の耐久性はそれぞれの物理的特性に基づき異なる。

硬　度

宝石の硬度は引っかきやすさ、あるいはにくさを表す相対的指標である。耐久性にかかわるが、靭性や強度とは関連しない。たとえばダイアモンドは高い硬度を示すが、かなりもろく割れやすい。モース硬度5以下の宝石は軟らかいため装身具には適さない。モース硬度6や7の宝石はすり減ったり、傷ついたりしやすい。とても軟らかい石は収集家向けにのみ研磨される。

滑石（1）

石膏（ジプサム）（2）

方解石（3）

ほたる石（4）

燐灰石（アパタイト）（5）

正長石（6〜6½）

石英（水晶）（7）

緑柱石（ベリル）（7½〜8）

鋼玉（コランダム）（9）

ダイアモンド（10）

モース硬度
鉱物の相対的硬さを表す尺度。基準となる10種類の鉱物を最も軟らかい滑石から最も硬いダイアモンドまで順に並べ10段階で示す。

比　重

物質の密度を表す尺度。ある体積を占める物質の重量と、同体積の水の重量との比で表す。たとえば比重2の鉱物の重量は同じ体積の水の2倍である。宝石の場合、比重は二つの点で重要な役割を果たす。一つは、研磨された宝石を鑑定するときの手がかりとなること。もう一つは、宝石の多くは平均より高い比重をもつため砂鉱床に濃集しやすくなること。

ほたる石　立方体の面

パイライト（黄鉄鉱）　五角十二面体

相対的な比重
宝石や原石の重さの「感じ方」。たとえば左の写真のように同じ大きさの石があった場合、比重の大きい方（パイライト）を「重い」と感じる。

物理的特性　19

劈開（へきかい）

鉱物が原子の層に沿って平らに割れる性質を劈開という。劈開は原子の結合力が最も弱い層と層の間で生じる。多くの宝石では、原子はすべての方向に比較的強く結合するが、中には複数の方向に劈開を示す宝石もある。簡単に劈開が生じる場合は完成品としての宝石の耐久性に影響が及ぶ。劈開の生じる方向に沿って研磨された宝石を強くたたくと砕けることがある。原子の層とは無関係に割れて生じる面を断口という。

不明瞭な劈開
原子が比較的強く結合している層に沿って割れる劈開。右写真のアクアマリンの底面に見られるような不規則な割れ口を示す。

劈開面

完全な劈開
原子の結合力が最も弱い層に沿って平らに割れる劈開。写真は完全な劈開を示すトパーズ。

明瞭な劈開
原子が弱く結合した層に沿って、ただし完全に平らではない面を生じる劈開。写真は明瞭な劈開を示すセルサイト（白鉛鉱）。

結晶面

不規則な底面

粘靱性（ねんじんせい）

鉱物の構造中で原子間に生じる凝集力によって変わるいくつかの物理的特性をまとめて粘靱性という。宝石の場合、粘靱性は耐久性に影響を及ぼす。粘靱性の中でも脆弱性は宝石の欠けやすさと関係するためとくに重要な性質である。ダイアモンドをはじめほとんどの宝石はかなりもろい。カッティング作業中や身につけたときに石が欠けるかどうかは原子の結合する強さと方向によって決まる。小さな結晶が絡み合っている宝石（たとえば翡翠）は強靱である。宝石を留める台座には石の粘靱性に応じた素材が求められる。

貝殻状断口
多くの宝石に見られる貝殻のような割れ口。左写真の宝石に加工されたアウイン（藍方石）に見える欠けも貝殻状断口。

不平坦な断口
でこぼこしていて不規則で、はっきりした模様がない割れ口。ネフライト（軟玉）の割れ口は不平坦な断口を示す。

光学特性

宝石にとって石と光の間に生じる相互作用はなくてはならない要素である。光があるからこそ宝石は美しい色や輝きを放つ。光と宝石が互いに及ぼす作用を理解しておくと宝石を鑑定する際に役立つ。

宝石の色の成因

美しさは耐久性と並んで宝石に求められる主要な性質である。宝石の美しさには色が重要な役割を果たす。宝石の場合、色は光の吸収や屈折によって生じる。宝石に入った白色光（たくさんの色の光からなる）から1色あるいは複数の色が吸収され、出てきた光が宝石の色となって見えるのである。見える色は宝石本来の色、あるいは混入する微量元素によって特定の波長が吸収されて生じた色である。

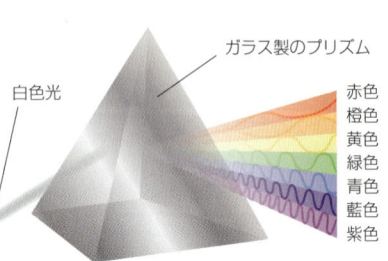

色を分ける
光はプリズムを通ると構成する色に分解される。色ごとに波長が異なり屈折する角度が変わるためである。

自色の宝石と他色の宝石

ある種類の宝石についてどの宝石標本も一様に示す同じ色を自色という。たとえばアズライト（藍銅鉱）の鮮やかな青色やマラカイト（孔雀石）の緑色。自色は宝石の基本的な構成成分となる化学元素に由来する。また宝石の構成成分とは関係のない微量元素が混入して生じる色もある。このような色を他色という。たとえばコランダム（鋼玉）にわずかな量のクロムが入りこむとルビーやエメラルドとなる。ルビーとエメラルドの色が違うのは、それぞれの中でクロムが異なる波長を吸収するためである。

他色の宝石
他色を示す宝石にアメシストとシトリンがある。どちらも微量元素によって着色した石英の変種である。アメシストの色は微量の鉄、シトリンの色は鉄と自然放射線に起因する。

水晶（石英）

シトリン（黄水晶）

アメシスト（紫水晶）

自色の宝石
炭酸マンガンからなるロードクロサイト（菱マンガン鉱）はマンガンを含むためピンク色から赤色を示す。塩基性炭酸銅からなるマラカイト（孔雀石）は銅を含むため緑色を示す。

ロードクロサイト

マラカイト

パーティカラー

一つの宝石の中に異なる色が混在する状態をパーティカラー（二色をバイカラー、三色をトリカラー）という。色の境界は必ずしもはっきりしているわけではなく、段階的に変化するものもある。結晶の成長する環境中の化学組成の変化により生じる。あるいは結晶面ごとの成長の違いによって不純物が異なり波長の吸収が変わるため生じる。

シトリン
アメシスト

二色を示すアメトリン アメトリンはアメシストとシトリンが共存する石英の変種である。色の原因となる微量元素の鉄がそれぞれ化学的に異なる状態で存在する。

多色性

宝石の中に入った白色光は内部の構造と相互作用をするため、進む方向によって色の吸収に違いが生じることがある。その結果、見る方向によって異なる色が現れる。このような現象を多色性という。宝石研磨職人が多色性の宝石を扱うときは最も魅力的な色を念頭において研磨の方向を決める。多色性はカット石を識別する際の大きな手がかりにもなる。

アイオライト
（青色に見える）

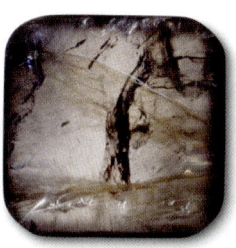
アイオライト
（無色に見える）

アイオライトの多色性
コーディエライト（菫青石）の変種であるアイオライトは多色性が強い。写真は同じアイオライト標本。ある方向からは青色に見え、90度回転させた方向からは無色に見える。

屈折率

透明や半透明の宝石に入った光は速度と方向を変える屈折と呼ばれる現象を生じる。屈折の程度を屈折率といい、光が石にぶつかった角度と曲がった角度との比で表される。立方晶系の宝石鉱物では光はすべての方向に等しく曲がる。光が二方向に曲がる複屈折を示す結晶系もある。

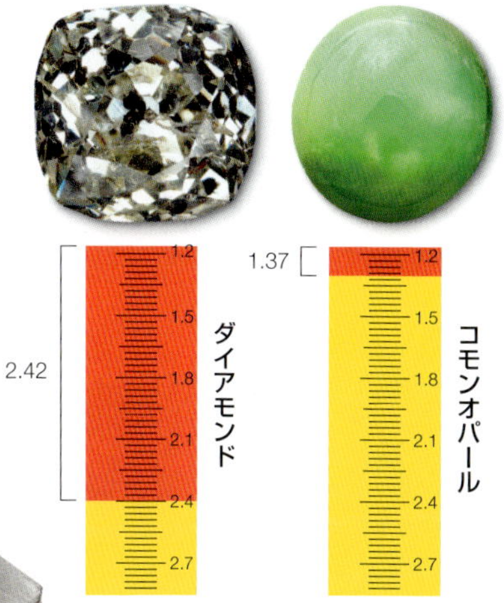

2.42 ダイアモンド
1.37 コモンオパール

相対的屈折率
ダイアモンドは高い屈折率を示し、色がよく分離するためきらめくファイアが見える。オパールの屈折率は低くファセットを刻んでもファイアは現れない。

複屈折

写真の方解石の菱面体片では複屈折が生じている。光が二方向に屈折したため二重像が現れた。

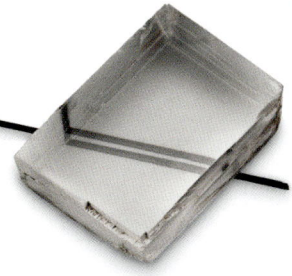

》光 沢

宝石や鉱物が光を反射する表面の様子を光沢という。光沢には大きく分けて金属光沢と非金属光沢がある。貴金属は金属光沢、ほとんどの宝石は非金属光沢を示す。たとえばパイライト（黄鉄鉱）は金属光沢を示す。非金属光沢はさらにいくつかの種類に分けられる。

金の象眼

蝋光沢
蝋の塊に似た光沢。右写真のトルコ石には典型的な蝋光沢が見られる。

真珠光沢
真珠や貝の真珠層に似た光沢。スミソナイト（菱亜鉛鉱、上写真）は生物由来ではないが真珠光沢を示す。

樹脂光沢
樹脂に似た光沢。こはくは典型的な樹脂光沢を放つ。

絹光沢
絹糸の束の表面に見られるような光沢。ジプサム（石膏）の変種であるサテンスパー（上写真）は絹光沢を示す。

土光沢
乾いた土壌のかけらのように光沢がない状態。メアシャム（左写真）は土光沢を示す。

脂肪光沢
左写真のように油の薄膜で覆ったような、あまり見かけない類の光沢。翡翠は脂肪光沢を示す。

金剛光沢
ダイアモンドの示すきらめく光沢。ダイアモンド以外で金剛光沢を示すのは数種類のジルコンや二、三の宝石などあまり多くない。

ガラス光沢
多くの宝石で見られるガラスの表面のような光沢。写真のオブシディアン（黒曜石）のでこぼこした表面は完全なガラス光沢である。

金属光沢
曇りのない金属表面に光が反射するときに生じる光沢。貴金属やある種の宝石や鉱物に見られる。写真は金属光沢を示すパイライト（黄鉄鉱）。

光学特性 | 23

ファイア

宝石を動かしたときに見られる光のきらめきをファイアという。白色光が宝石に入るとプリズムと同じように色が分解（分散）されて生じる。分散が大きいほどファイアも強くなる。宝石の屈折率（p. 21）は分散の程度を表す。

すばらしい色分散

ファセットを刻まれたジルコン
ジルコンは高い屈折率をもつため美しいファイアを放つ。ジルコンには複屈折性があり、左写真の標本ではパビリオンファセットが二重に見える。

干渉

宝石の内部構造の働きにより、宝石の中を通り抜ける複数の光の間で干渉現象が生じることがある。長石の薄層からなるラブラドライト（曹灰長石）の場合、光は薄層を通り抜けるときに上層と下層の間で反射する。光が進む間に複数の波の頂点が重なり強め合う結果が色となって現れる。現れる色は強められた波長によって決まる。逆に光の波が打ち消し合う場合もある。

青色閃光
ムーンストーンはさまざまな長石の薄層を含む。それぞれの層から反射された光が宝石表面のすぐ下で青色の閃光を放ち、光が揺らぐように見える。

プレシャスオパール　　**ラブラドライト**

イリデッセンス
プレシャスオパールは均一な大きさの小球状のシリカからなる。小球と小球の間の空間によって光が散乱し、虹のような多彩な色に輝く。色は小球の大きさによって異なる。

スターとキャッツアイ

スターもキャッツアイもシャトヤンシー（変彩効果：宝石の中に内包する微小な他の鉱物による光の反射）によって現れる。変彩効果の一般的な原因はインクルージョンとして含む微小な針状のルチルにある。ルチルを含む石に、上面の半球形の一点でルチルのインクルージョンが交差するようにカボションカットを施すとスターが現れる。

サファイア　　**キャッツアイクリソベリル（金緑石）**

シャトヤンシー　光の筋がスターとなるかキャッツアイとなるかは、宝石の中に含まれる他の鉱物の配列の向きによって決まる。

光の測定

分光器を用いると宝石を通過する光を調べることができる。分光器には光を通す小さなスリットがある。光源とスリットの間に宝石を置くと宝石を通った光が分解されスペクトルが得られる。宝石が吸収した波長はスペクトル中で黒い帯となって現れる。このような帯はそれぞれの元素に特有なため、宝石の化学組成を知る手がかりとなる。

宝石の産地

宝石の産出しない国はほとんどない。ほんのわずかしか産出しない産地からトン単位の経済規模を誇る産地までさまざまである。新しい鉱床は現在も発見され続け宝石市場に新たな素材を提供している。

宝石の産出する場所

宝石として利用されている物質は100種類ほどの岩石や鉱物と5、6種類の生物起源の物質である。少量の宝石しか産出しない国もあれば、大規模な宝石鉱床を有する国もある。右の地図におもな宝石の主要な鉱床を示す。小さな地図に納めたため鉱床の位置は正確ではない。またさまざまな宝石や貴金属が同じ場所で産出する事例は多い。このため地図中の宝石の印は宝石が産出するおおよその場所を示す。

宝石の産地
下の地図にはおもな宝石の主要な鉱床を記す。鉱床が記載されていない国もあるが、必ずしも宝石を産出しないという意味ではない。

おもな宝石

- ● ダイアモンド
- ● サファイア
- ● こはく
- ● アクアマリン
- ● ルビー
- ● エメラルド
- ● トルコ石
- ● トルマリン
- ● トパーズ
- ● 金
- ● ジルコン
- ● スピネル
- ● アメシスト
- ● 翡翠
- ● ペリドット
- ● ガーネット

ロシアのこはく鉱床
ロシア・カリーニングラード州にある世界最大のこはく鉱床。ヤンタルヌイクライ（こはくの土地）とも呼ばれている。

宝石の産地　25

コロンビアのエメラルド採掘現場
コロンビアのムソーにある鉱山でエメラルドを採掘する鉱夫たち。近年、エメラルドの鉱床は各地で発見されているが、世界最大の産出国はコロンビアである。

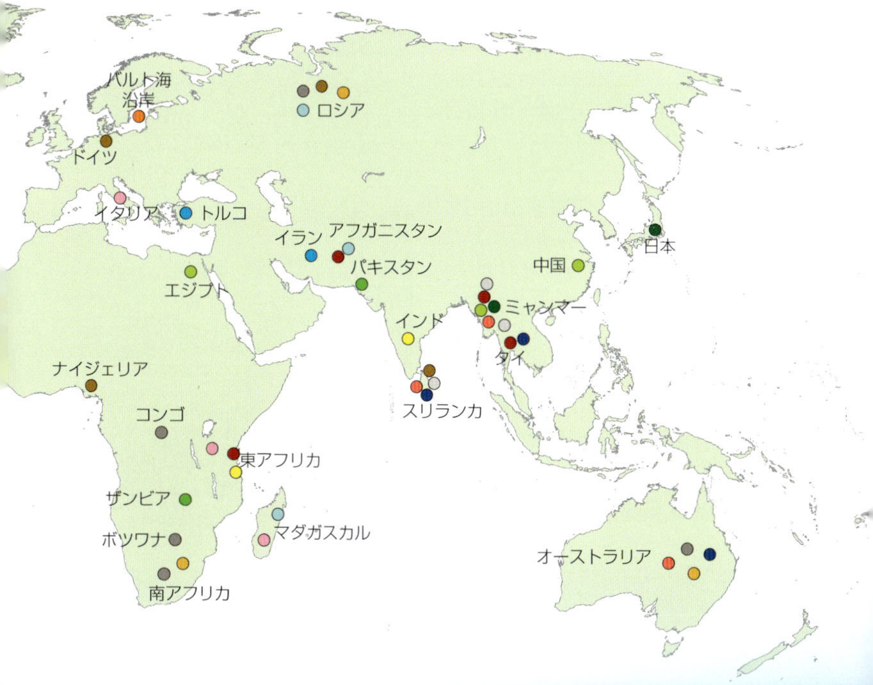

バルト海沿岸 / ロシア / ドイツ / イタリア / トルコ / イラン / アフガニスタン / パキスタン / 中国 / 日本 / エジプト / インド / ミャンマー / タイ / ナイジェリア / スリランカ / コンゴ / 東アフリカ / ザンビア / マダガスカル / ボツワナ / 南アフリカ / オーストラリア

宝石の採掘

宝石を採掘する方法には、宝石が生成した岩石から掘り出す硬岩採掘と、岩石が風化して生成した岩屑から採る砂鉱採掘の2種類がある。岩屑は河床、海岸や海底に濃集して砂鉱床をつくる。

古代の宝石採掘

貴石は古くから採掘されてきた。ラピスラズリは7000年前にアフガニスタンで掘り出されていた。トルコ石の採掘が始まったのは5000年前のシナイ半島。同じ頃エジプトではエメラルドが採掘されていた。古代の採掘技術は優れていた。川床の砂礫をパンニング皿で採取する方法は現在も用いられる。地表近くで生成した宝石鉱脈の採掘については道具が変わっただけ。

エジプトの金細工職人 彫刻家イブキとネブアメン（紀元前1390～1360年頃）の墓の壁画。金細工職人が金をはかって溶かし宝飾品に仕上げて献上する様子が描かれている。

硬岩採掘（ハードロックマイニング）

高価な宝石に限り、相応の大規模かつ経費のかかる方法を用いて採掘する。ダイアモンドの多くは砂鉱から回収されるが、母岩であるキンバーライトの「パイプ」からも採掘される。キンバーライトの塊の掘削には、硬い岩石に穴をあけて発破する硬岩採掘法を用いる。採掘したキンバーライトをさらに破砕してダイアモンドを回収する。トルマリン、トパーズ、エメラルド、サファイア、ルビー、アクアマリン、オパール、トルコ石、ラピスラズリも硬岩採掘法で取り出されるが、たいていは大がかりな機械ではなく基本的な道具を用いて人力で採掘される。

金の採掘 硬い岩石から貴金属を回収する方法は宝石の場合と同じである。岩石に穴を掘り爆薬を仕掛ける。

露天掘り オーストラリアでも大きなダイアモンド鉱床が発見されている。アーガイル鉱山（写真）ではダイアモンドパイプの中で大規模な露天掘りが行われている。

砂鉱採掘

宝石の多くは硬くて密度が高いため、風化して母岩から離れると水に流され川床や海岸、海底に濃集する。このような濃集体を砂鉱床という。砂鉱床の採掘には、砂鉱床をつくり出した自然のしくみをまねた方法が用いられる。椀がけ（パンニング）は最も簡単な方法である。パンニング皿を揺らしながら軽い砂を洗い出していくと皿の中心に重い鉱物がふるい分けられ、この中から手作業で宝石を選別する。バッフル板（流れ阻止版）を用いる採掘方法もある。底部にバッフル板を備えた樋に宝石を含む砂礫を入れて水を流すと、軽い鉱物は樋から流れ出て、重い宝石は板を乗り越えられず樋の底に残る。

サファイアの採取 スリランカとラオスではルビーやサファイアが産出する。ざるで砂礫をふるい分け、手で泥を洗いながら宝石を選り分ける。

サファイアの砂礫 アメリカ・モンタナ州のロッククリークで採取された色とりどりのサファイア。川床の砂礫から手で選り分けられた。

選別と等級分け

鉱山や砂鉱床から回収した原石の大部分は研磨されるほどの色や形あるいは透明度をもっておらず、宝石としての品質を満たさない。宝石によっては90％ほどが捨てられる。使いものになる原石の廃棄や、品質の劣る原石の残存を避けるために注意深い選別、等級分けが求められる。鉱山で最初に選別、仕分けされ、数回の等級分けを経てから研磨職人に原石が届く。

ダイアモンドの選別 ボツワナのハボローネにあるダイアモンドの仕分けセンター。高い技能を有する仕分け担当者が色や透明度をもとに選別をしてから研磨職人に原石を渡す。

宝石のカット

人類は何千年にもわたって天然の素材を加工し身の回りを飾ってきた。最初に手を加えたのはおそらく形を変えやすい生物由来の素材。次いで軟らかい石から硬い石へと素材の幅は広がっていった。

原石を加工する理由

原石を研磨したり細工したりするのは、美しさが増し、価値が上がるからである。また古代から現代に至るまで加工することでより神秘的な力が宿るともされてきた。ある種の石は超自然的な力を秘めていると記した古い記録も存在し、現在でもパワーストーン信仰が残っている。とはいえ今日、原石を研磨する目的はもっぱら経済的価値を上げるためである。加工を施した宝石は原石の価格の何倍にも跳ね上がるし、販路も広がる。

原石のカッティング

宝石にファセット（面）を刻んで最終的な形に仕上げる工程をカッティングという。まず宝石の品質に悪い影響を与える部分を削り取る。大きな原石からは宝石になりそうな部分をおおよその形に切り分ける。ファセットを刻む段階ではカットとはいうものの、実際には右に示すように研削と研磨を何回も繰り返す。宝石によってはファセットを刻まずに研磨したり、彫刻を施したりするものもある。

原石の選択

透明度、形、傷やインクルージョンの有無をもとに原石を選ぶ。傷やインクルージョンが入っている場合は、その位置を確認する。

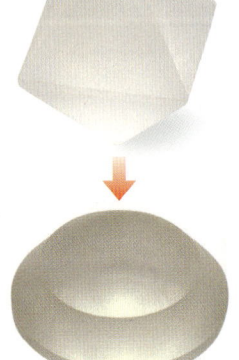

切　断

大まかに切り全体の形を整える。あるいは頂点の部分を切り取りクラウン（テーブルファセット）をつくる。

大きなファセット

最初に大きなメインファセットの位置を決める。ブリリアントカットでは上部と下部にそれぞれ8個のファセットを刻む。

細かいファセット

メインファセットの周りに小さなファセットを刻んでいく。ブリリアントカットではこのようなファセットは40個ある。

仕上げ

最後のファセットを刻んだあと磨き上げて仕上げる。カッティングしながら研磨をする職人が多いが、最終段階で研磨をする職人もいる。

仕上がりの検査　カッティングには、少なく削り取って多くの美しさを引き出すという原則がある。ファセットを適切な角度と位置に刻むことによって最高の輝きが得られる。

宝石のカット

どのような原石でもカットの形状を決めるにはたくさんの要因が絡む。研磨職人は原石の形を考慮しながら無駄を最小にするカットの仕方を選ぶ。傷や割れやインクルージョンの位置はもちろん劈開もだいじな要因である。多色性を示す石ならば一番よい色を引き出す方向がある。スターが現れる石については仕上がった状態でスターが中心にくるようにカットする。

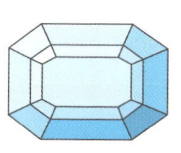
エメラルド

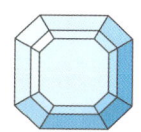
ステップ

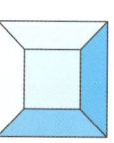
テーブル

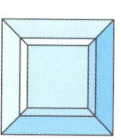
スクエア

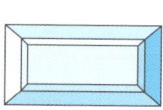
バゲット

ダイオプサイド

タンザナイト

ステップカット
石の色を引き立たせるときに使われるカット様式。あまり輝きを放たず、輝きよりも色の方が強調される。長方形のファセットからなる。

ミックスド

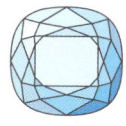
クッション

ミックスドカット
ブリリアントカットとステップカットを組み合わせたカット様式。輝きも色も強調したい色石に使われる。

スフェーン　　　ヘッソナイト

ラウンド
ブリリアント

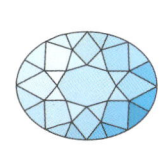
オーバル
ブリリアント

マーキーズ

ペンデロク

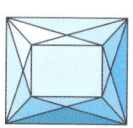
シザー

カイヤナイト

サンストーン

ブリリアントカット
石の輝きを最大に引き出すカット様式。色石の色をより深く見せたり、傷を隠したり、色むらを整えたりするときにも使われる。おもに三角形やカイト形のファセットからなる。

研磨と彫りこみ

透明な石には一般にファセットを刻んで最大のファイアと輝きを引き出したり、時には色を強調したりする。不透明や半透明の半貴石にはタンブラー研磨、彫りこみ、あるいはカボションカットを施す。

研　磨

不透明や半透明の石の場合、色をはじめとする光学的な特徴を効果的に見せるためにカボションカット（上部をドーム形、下部を平らに仕上げるカット様式）を施すことが多い。カボションは岩石片から切り出した原石を砥石車で磨いてつくられる。まず輪郭を削った後、上部を研磨してドームの形に仕上げる。このとき研磨剤は少しずつ細かいものに変えていく。一定の向きに並ぶインクルージョンをもつ石にカボションカットを施すとキャッツアイが現れることがある。半貴石の多くは回転式研磨機で磨かれる。そのしくみは海岸の小石が丸くなる原理と同じである。球形のビーズはビーズミルを利用してつくられる。最初に粗く削って球に近づけてから、互いに反対に回転する2枚の鉄板で研磨剤といっしょに挟み、球形になるまで回転させる。球形でないビーズについてはおおよその形に削ってから回転式研磨機にかける。

バレル　　駆動滑車

回転式研磨機（タンブリングドラム）
原石を水、研磨剤といっしょにドラムの中に入れる。研磨剤は少しずつ細かくしていく。ドラムを回転させると原石はすり減って丸くなる。

回転式研磨機で研磨
左写真の半貴石のほとんどは石英の変種である。回転式研磨機で丸く研磨された。

テューライト

翡翠

アベンチュリン

平板、ビーズ、カボション
右図に示すように表面を平らに磨いた平板や、丸く磨いたビーズやカボションなど石によって好まれるカットの方法や形がある。

平板

ビーズ

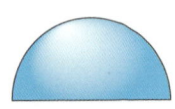
カボション

彫りこみ（エングレービング）

層構造からなる石には彫りこみ彫刻をしてカメオ（浮き彫り）やインタリオ（沈み彫り）をつくる。2000年ほど前に発達した技術である。カメオの場合は図柄の周りの石を切り取り、異なる色の背景に対して図柄を浮き上がらせる。インタリオの場合はくぼみに図柄を彫りこむ。素材が宝石であることを除けば彫刻とまったく同じである。

カメオの彫り方
カメオは層状の色を示す石を切り出してつくられる。層ごとに異なる図柄を刻んで色を強調する。

メノウ　　　カメオ

さまざまな彫りこみ
カメオやインタリオの他にも石に彫刻や彫りこみを施す技法がある。写真の貴金属の宝石箱（左）やジェットの彫り物（右）はその一例。

銀　　　　　　　　ジェット

彫刻（カービング）

石を刻んで三次元的な形に仕上げる技法を彫刻という。ムーンストーンでよく見かける月の「顔」のような単純な形もあれば、人や植物、動物といった複雑な形もある。彫刻の素材には同質の組織と均一の硬さをもつ原石を選ばなければならない。石には引張り強度が小さく、彫りこみを入れると弱い向きに沿って簡単に割れる性質がある。細粒状の石には繊細な模様、粗粒状の石には大胆な模様を刻むことができる。半貴石はハードストーンとも呼ばれ、もろく彫刻しにくい。かつて半貴石の彫刻には小型の回転盤と遊離砥粒（溶剤に研磨剤を分散させたもの）を用いたが、現在では先端にダイアモンドを取り付けた各種工具を使い分ける。

翡翠彫刻　先端がダイアモンドの回転式工具を用いて複雑な翡翠彫刻を彫っているところ。翡翠の粘靭性と硬度は彫刻素材に適している。

エンハンスメント

より美しく見せたり、耐久性を上げたりするために天然石に施す処理をエンハンスメントという。通常の研磨とは異なるが広く行われているためとくに記載がなくても施されていると考えた方がよい。

放射線照射

原石に中性子線、γ線、紫外線、電子線などを照射すると色が変わることがある。青色のトパーズはほぼすべて、無色のトパーズに放射線照射と熱処理を施したものである。黄緑色の水晶も放射線照射によって得られる。放射線（おもに中性子線と電子線）照射により緑や黒色に着色したダイアモンドを熱処理するとピンク、橙、黄、褐色に変わる。青から青緑色のダイアモンドは貴重なため熱処理はされない。ドレスデングリーンダイアモンドのように自然界で放射線に曝され着色することもある。放射線照射された石は、色は変わるが放射能は帯びていない。

放射線照射された
ユタ産のトパーズ

濃い青色の
放射線照射トパーズ

放射線照射による色の変化
市場に出ている濃い青色のトパーズにはたいてい放射線照射と熱処理が施されている。写真左はユタ州で産出した無色のトパーズに放射線を照射して濃いこはく色に変えた標本。

加熱処理

加熱処理はエンハンスメントの中でおそらく最も古くから行われている方法である。現在では熱を加えるだけでなく、別の技術と組み合わせることもある。サファイアとルビーに熱を加えると、曇りの原因となる微小なルチルが溶ける。ある種の石を他の元素といっしょに加熱すると、元素が石のさほど深くない部分に広がり色が変わる。ひびの入った石に融剤を加え加熱すると、石が一部再溶融してひびをふさぐ。

ジルコンの加熱処理

ジルコンには熱を加えて着色する処理が1000年以上前から行われてきた。下の写真の右は天然のジルコン、左は加熱処理したジルコン。

エンハンスメント 33

油浸、染色、漂白

天然のエメラルドにはたいてい外観を損なう小さな傷やひびが入っている。内包する傷を隠すために昔から油浸処理が施されてきた。油が割れ目にしみこむことによって見栄えのよいエメラルドが得られる。このような方法で処理された石は油っぽく感じることがある。

染色はかなり広く行われている。研磨したメノウにはたいてい鮮やかな青色や赤色で染色が施される。ハウライトを染色するとトルコ石に似た仕上がりになる。トルコ石を硬い蝋の中で煮詰めると蝋が表面にしみこんで深い色になる。色を明るくしたり変えたりするために漂白される石もある。

油 浸
油浸処理を施した、ひびを内包するエメラルドの標本。油は揮発したり、クリーニングによって取り除かれたりしてやがて傷がはっきり見えるようになる。

漂 白
もとは濃い黄褐色のタイガーアイを漂白して得られた明るい色味の標本。たいていのタイガーアイは色を変えるために漂白される。

染 色
トルコ石に見られる濃い色のインクルージョンをもつハウライトを青色に染色し、トルコ石に似せた標本。

充填、コーティング、再生

ひびを内包する石に油以外の充填剤を用いる場合もある。ガラス、樹脂、プラスチック、蝋などの充填剤には石と類似した色をつけることができる。ミスティックトパーズのように、金や銀など金属の薄膜で石を覆い本来とは異なる色や反射性をもたせることもある。しかしこのような被膜はやがてはがれる。石に穴があいている場合、同じ種類の石のかけらを穴に入れて熱、圧力、融剤で溶かして埋める方法もある。

金属被膜

アクアオーラ
表面にかぶせた金の薄膜により淡い青色を呈する水晶。薄膜処理を施された石の代表格である。

レーザードリリング

レーザードリリングはもっぱらダイアモンドに用いられる高価な処理方法である。ダイアモンドは可燃性のためレーザーには赤外線を利用する。レーザーでダイアモンドを蒸発させることにより傷やインクルージョンに到達する小さな穴（直径 0.2 mm）をあけ、酸を注入してインクルージョンを溶かす。レーザードリリングであけた穴や溶けたインクルージョンのあとにはガラスを充填する。ひびを埋める場合にも同様にレーザードリリングで穴をあけて充填剤で処理する。このようにして埋められた穴は熟練の宝石鑑定士ならばたいてい顕微鏡で見つけることができる。

合成宝石

宝石の模倣は遠い昔から行われていた。現代では本物と見分けのつきにくい人工の宝石に加え、化学の力によって天然の宝石と実質的に同一の宝石を実験室でつくり出せる。

張り合せ石

張り合せ石の中には高価な石と安価な石を組み合わせた石のように、だますことを目的につくられるものもある。ダブレットやトリプレットと呼ばれるオパールの張り合せ石の場合は、高価だがもろくて薄いオパールを補強し見栄えをよくするためにつくられる。色ガラスの上に鉱物をのせた石など、欺くために細工された模造石を水に浸すと継ぎ目が見えることがある。

アルマンディンのダブレット
ガラスとアルマンディンを張り合わせたダブレットはさまざまな色の宝石の模造品となる。横から接着部分がはっきり見える。

合成宝石

厳密な製造条件の下でつくられる合成宝石は天然の宝石のほぼ正確な複製である。火炎溶融法（ベルヌーイ法。下写真参照）やフラックス法が用いられる。フラックス法とは鉱物原料と発色剤を融剤（フラックス）の中で溶融させ、適切な圧力と温度条件下で結晶を成長させる合成法である。ルビーは短時間で安価に合成できるが、エメラルドの合成には時間がかかる。

小さなルビーの結晶

エドモンド・フレミーのルビーの結晶
1877年、フランスの化学者エドモンド・フレミーは酸化アルミニウムと酸化鉛を磁製るつぼの中でいっしょに溶かし、小さなルビーの結晶をたくさんつくり出した。

火炎溶融法
鉱物の粉末を落下させながら酸水素炎で溶融し、下の支持棒上で結晶を成長させる方法。

天然宝石と合成宝石の区別

合成宝石の中には化学組成も結晶構造も天然宝石と寸分違わないうえ、光学特性も物理特性もまったく同じものがある。このような合成宝石を天然石と区別できるのは専門家だけである。ガラスやプラスチック製の模倣宝石は外観や「感じ」が不自然なため素人でも簡単に見抜くことができる。宝石の売買は信用の上に成り立っているため評判の良い宝石商はおおむね信頼できる。

光学特性や物理特性の違い
天然の宝石を模倣した合成宝石は光学特性や物理特性を手がかりに識別される。

合成オパール　　　天然オパール

インクルージョン

天然石か合成石かを見極めるには宝石の内部を見るという方法もある。どのような合成法を用いてもでき上がった石にはたいてい成長構造やインクルージョンといった隠しようのない痕跡が残る。たとえばフラックス法で合成した石の成長線は曲がる（下写真右）。合成エメラルドの多くはベール状の液体インクルージョンを内包し、合成オパールには爬虫類の鱗に似た模様がよく現れる。

　天然石が成長の過程で取りこんだ固体、液体、気体のインクルージョンも合成品と区別する手がかりとなる。まっすぐな成長のパターン、他の鉱物の結晶インクルージョン、液体や気体で満たされた空隙、繊維状あるいは管状のインクルージョンといった天然石の特徴も有用である。インクルージョンのない天然石は望ましいとされるが、鑑定を難しくもする。

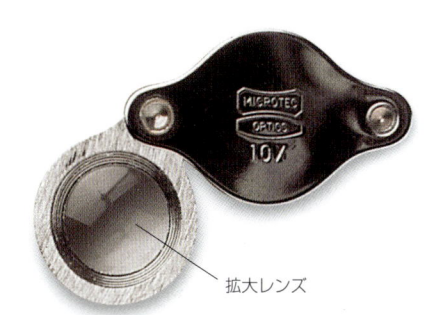

拡大レンズ

ルーペ
天然石のインクルージョンや成長パターンの多くはルーペで見ることができる。ルーペは天然石を見極める際にとても役立つ。

ギルソンエメラルド
ピエール・ギルソンは1964年以来エメラルドを合成し続けてきた。ギルソンのつくるエメラルドは天然エメラルドと化学的にも鉱物学的にも同一である。独特の成長線（写真右）は合成石を見分けるよい決め手となる。

ペンデロクカット

ギルソンのフラックス法
合成エメラルド

フラックス法エメラルドの顕微鏡写真

歴史と民間伝承

人類が装身具をつけ始めたのは太古の昔に遡る。後期旧石器時代（紀元前2万5000～1万2000年）には貝、羽、骨、歯、小石などを身にまとっていた。それからほどなくして手のこんだ細工を施した石を使いだした。

宝石の歴史

石に細工をし始めた頃は不透明で軟らかい石を用いていた。紀元前7000年紀になると研磨したり穴をあけたりする技術が進み硬い石も使われるようになった。ある種の石には神秘的な力が宿るという石に対する信仰は紀元前3000年紀にはでき上がっていた。当時、石を身につけた理由は信心のためか装身のためか、あるいはその両方のためか定かではないが、エジプト、インド、中東では宝石細工が栄えていた。同じ頃の南北アメリカも似たような状況であった。

貝

アステカのヘビ
15世紀頃のアステカの儀式用胸飾り。トルコ石のモザイクがちりばめられている。歯はホラガイの殻、鼻と口の周りはミズイリショウジョウガイでできている。

トルコ石

ギリシアのオパールカメオ
彩色されたオパールカメオ。ひびが入っている。ギリシア神話に出てくる翼のある愛の神キューピッドと魂の神プシュケが描かれている。

背景は波
卵をつぶしたような形

金のスペーサービーズ

縞模様のメノウ

エジプトのイヤリング
ツタンカーメン王（紀元前約1370～1352年）の墓から出土した金のイヤリング。ラピスラズリ、カーネリアン、エメラルドのビーズで飾られている。

モヘンジョダロのネックレス
紀元前19世紀、インダス文明の時代につくられた、メノウ、カルセドニー、ジャスパーのビーズのネックレス。パキスタンのモヘンジョダロで出土した。

中国の象牙の鼻煙壺
清王朝後半（1800年）の象牙の鼻煙壺。炎を放つ知の真珠玉を追いかける龍が描かれている。

民間伝承における石

紀元前3000年頃になるとエジプトやメソポタミアではメノウ、カーネリアン、トルコ石、ラピスラズリが「神秘的な力」をもつ魔除けとされ、バビロニアとアッシリアでは円筒印章に神秘的な力が宿ると考えられた。バビロニアの古文書によればカギマと呼ばれる宝石は敵を倒し、水晶の印章は財産を増やし、緑色のサーペンチンは神の恵みを引き寄せ、ラピスラズリの印章は神を宿すという。古代エジプトでは病気のために変化した体の部位の色に応じて色のついた石を選び治療に用いた。このように石を神聖視するさまざまな考えは中世を経て、現在でも石に癒しの力を求める人々の間で残っている。

水晶球

水晶占い
水晶占いにはめずらしく精巧な細工の施された台座と水晶玉。現代の占い師も水晶玉を通して未来を読む。

1月（ガーネット）
2月（アメシスト）
3月（アクアマリン）
4月（ダイアモンド）
5月（エメラルド）
6月（真珠）
7月（ルビー）
8月（ペリドット）
9月（サファイア）
10月（オパール）
11月（トパーズ）
12月（トルコ石）

誕生石
誕生石の習慣はビクトリア朝時代に始まるが、その発想の起源は石に神秘的な力が宿るとした古代の信仰に遡る。

宝石カットの歴史

紀元前7000年のメソポタミアのジャルモ（現在のイラク）ではカーネリアンと水晶からビーズをつくった。紀元前2000年になると巧みな彫りこみを施した工芸品が発達し、ローマ人はカメオをつくった。カット石の登場は16世紀、ブリリアントカットは1700年頃に考えだされた。

宝石職人の工房 1672年のイタリアの絵画。当時、宝石職人の工房で行われていたさまざまな作業が描かれている。とくに金属の成形、石のカットと取り付けの様子がよくわかる。

宝石の収集

石を収集する楽しみはお金持ちだけの特権ではない。一般の収集家の手の届くところにも美しくて値の張らない石がたくさんある。自分の手で採取した石が増えていくのはうれしいものである。

収 集

収集を始めたばかりの人はたいてい手に入るそばから石を集める。市価が変動して購入した石の価値が下がることもあるため、最初の頃は高価な宝石は避けた方がよい。フリーマーケットやオークションなど宝飾品が売られている場所ならば宝石も買える。ルース（研磨済みで枠に装着されていない石）はインターネットや専門店で購入できる。鉱物収集家の団体の中にはとくに宝石部門を設けているところも多い。自分の手で石を掘り起こし研磨までする収集家もたくさんいる。

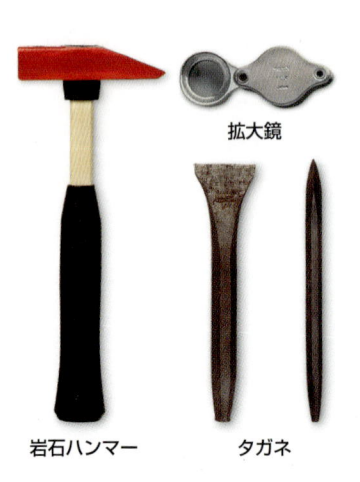

拡大鏡

岩石ハンマー　タガネ

革手袋

安全ゴーグル

ヘルメット

椀がけ
選鉱鍋（ゴールドパン）は基本道具のひとつ。堆積物を椀がけ（パンニング）すると金をはじめたくさんの原石が見つかる。

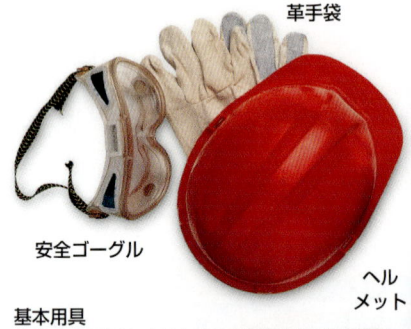

基本用具
自分で石を採取するためには最低限そろえた方がよい道具がある。最初は上写真に示したような道具で十分。経験を積む中で必要に応じて増やしていくとよい。

現場経験
何度も採取をしていくうちに原石を見つけられるようになる。収集家の中には宝石質の石を難なく発見する人もいる。

宝石の収集

収集品の整理

集めた石は種類、色、インクルージョン、産地、一般的な関心事項などに基づきさまざまな方法で整理される。石というものは収集すればするほど新しい関心を呼び起こす。時期、重さ、発見場所、購入金額などできる限りたくさんの情報を残すことが重要である。販売店の商品ラベルがあればこれも残しておく。そのときどきでいろいろな整理方法を試してみるとよい。

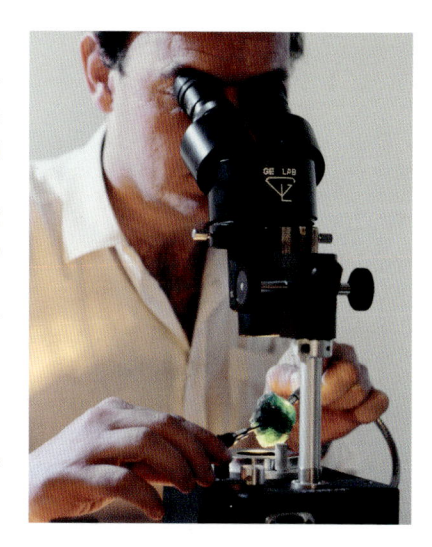

石の検査
価値の高い石は顕微鏡を用いて調べておく。特徴的なインクルージョンは写真として残せば、鑑定するときに役立つ。

保管

ルースは盗まれた場合、捜し出して鑑定する作業が困難なため狙われやすい。価値の高い収集品は安全に保管することが重要である。どのように保管、展示するにせよ、収集品を人に見せたり、保管場所を公にしたりするときは慎重を要する。一つ一つの石の重さ（カラット）を記録し写真といっしょに保管すること。重さ以外の項目も記録しておく。インクルージョンなど石に内包され石の価値を高めるような特徴を顕微鏡で撮影するのもよい。このような写真があればたとえ盗まれ切り分けられたとしても鑑定できる。金庫室をはじめ最も安全とされる保管場所はあるが、石の収集品の場合はそれ以外の人目につきにくい場所に隠すこともできる。くれぐれも写真や記録とは別に保管すること。

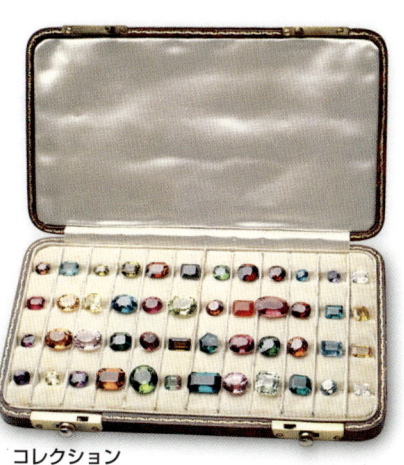

コレクション
収集した石を専用のケースに並べて展示することもある（写真）。このように陳列する場合、長く残す記録として写真を撮っておくことをお勧めする。

購入

石の美しさを引き出す新たな技術が次々と開発されている。このため石を買うときにはあちこちに落し穴が待ち受けている可能性がある。危険を避ける最善の策は信頼できる売り主から適正な保証書といっしょに購入すること。改変された石の場合は、その効果の長期安定性が確認されていないものもあるためとくに危険が伴う。

真珠の検査
真珠は厳しい基準に基づいて等級付けされる。正しく評価された真珠を購入するためには信頼できる宝石商を選ぶことがだいじである。

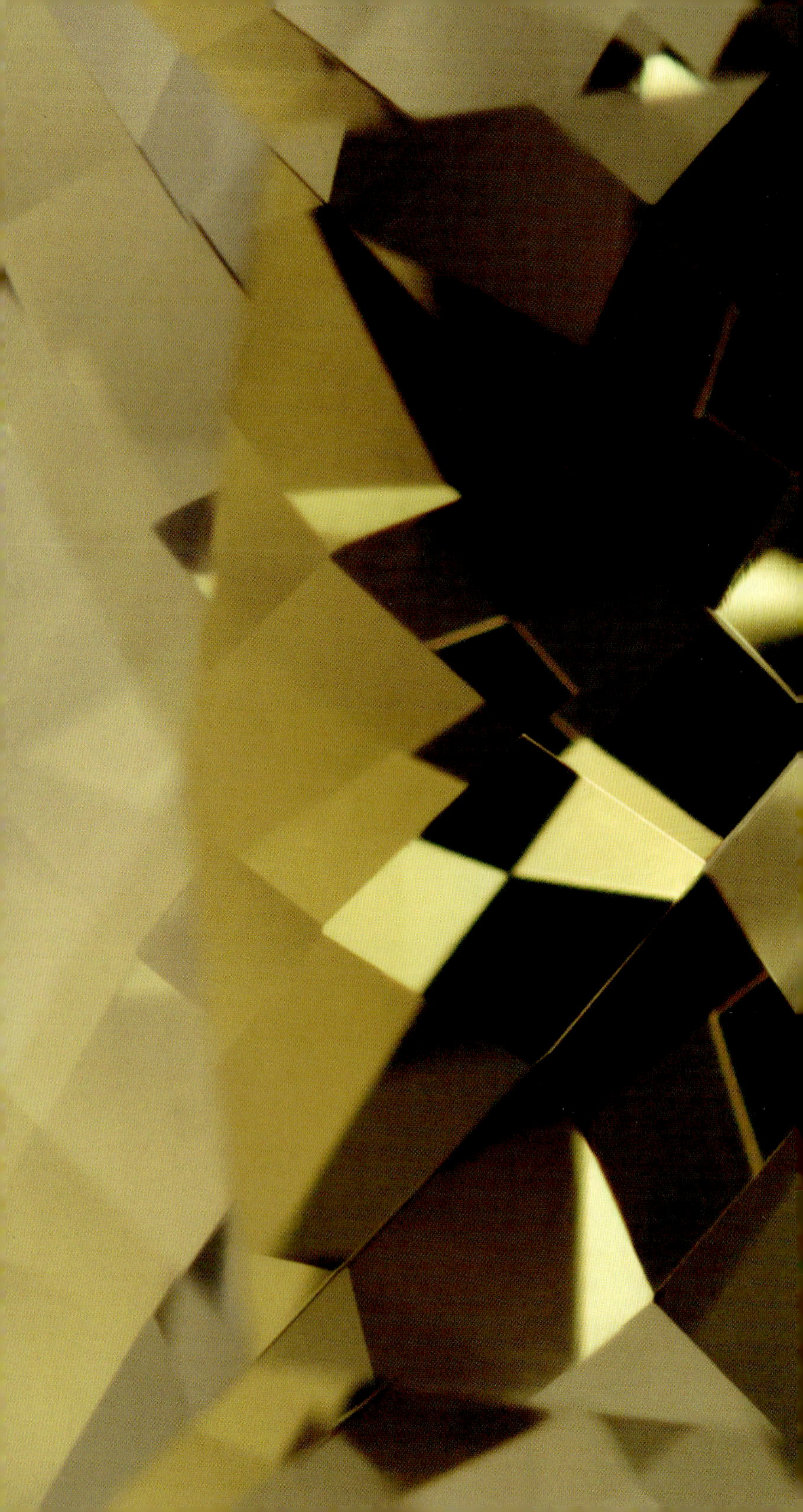

宝 石

貴金属

天然に産出する金属元素の中で高い経済的価値をもつものを貴金属という。古い時代、金や銀といった貴金属にはこのような実利的な価値とは別の視点からの価値が与えられていた。

神秘的な金属

古代の人々は金や銀と自然現象とを結びつけ神秘的な力を連想した。金は太陽のように不滅であると考えられた。銀はその色から月と関連づけられた。また月が満ちて欠けるように銀の色も変化する（銀の変色）という性質も月との関連を思い起こさせた。

金も銀も比較的純粋な形で天然に産出し加工しやすい。このため神秘的な思いを抱きつつも手を加えて具体的な形のあるものをつくるようになった。やがて金も銀も富の交換や蓄えの手段として使われだした。さらにカット石と組み合わせたさまざまな種類の装飾品もつくられるようになった。

エジプトの胸飾り　古代エジプトの金の胸飾り。牛の女神ハトホルと戦いの女神セクメトに介助されて太陽を産む空の女神ヌトを表している。

誕生の女神

新種の金属

プラチナが単独の金属として認められたのは近代以降。宝飾品や貨幣に使われるようになったのも最近のこと。金や銀と同じく宝飾品用金属として、また工業用金属としても重要である。

プラチナの工業利用　プラチナは融点が高く高温で耐腐食性を示すため、ガラスなどの物質を溶かすときにはプラチナ製のるつぼが利用される。

変色した針金状の銀
石英の母岩

ヒゲ銀
石英の母岩上の自然銀の結晶。針金状を示し黒く変色している。

埋蔵された金貨　1463〜64年にイギリス・フィッシュプール（現ノッティンガムシャー）で埋蔵された金貨の一部。1237枚の金貨とたくさんの宝飾品が発掘されている。

Silver | 銀　43

変色した表面

針金状の銀

いっしょに産出した石英

自然銀

複雑な模様

ケルトのブレスレット
スコットランドの古いブレスレット。ケルト様式の複雑な模様が描かれている。

性質

- 立方晶系
- 2½〜3
- 10.1〜11.1
- 不透明
- 金属光沢

いろいろな形状

現代の聖杯　銀のもつ光沢がみごとに引き出された聖杯

Ag

銀

金に次いで高い展性と延性を示す銀は、人類が最初に手にした金属のひとつである。紀元前4000年の墓から銀を加工した装飾品が見つかっている。紀元前550年頃には銀貨が使われはじめたようである。現代でも銀には文化を問わず純粋あるいは神の叡智といった象徴的な意味がある。化学記号Agはラテン語argentum（「白と輝き」を意味する、そもそもはサンスクリット語由来の言葉）に由来する。

　銀は不透明で、明るい白色の光沢を放ち、ややピンク色を帯びるが、灰色や黒色に変色しやすい。自然銀はおもに熱水鉱脈で産出する。他の鉱物が変質して生成する場合もある。今日、得られる銀のほとんどは鉛、銅、亜鉛の精錬時の副産物である。おもな産地はペルー、オーストラリア、ロシア、カザフスタン、カナダ、アメリカ。そして世界最大の生産国は1500年から採鉱を続けているメキシコ。

金 | Gold

性質
- 立方晶系
- 2½〜3
- 19.3
- 不透明
- 金属光沢

複雑で細かい金細工

水に流され丸くなった表面

古代の胸飾り
紀元前4世紀のスキタイ人の金の胸飾り。ウクライナの王家の墓から出土した。

水磨された、ほぼ純粋な金のナゲット

Au

金

エジプト文明、メソポタミア文明、ブリテン島の青銅器時代からかれこれ6000年にわたって人類は金を珍重してきた。特有の色、輝き、展性をもち、さらには比較的純粋な形で産出することから金はひときわ価値の高い金属として扱われる。金は化学的にほぼ不活性であるため変色や腐食に耐える。

単体の金は不透明で金属的な黄金色を示す。自然金は銀などの金属と合金をつくることがあり、その場合は色が薄い。純粋な金は装身具とするには軟らかすぎるため、他の金属を加えて硬さを増す。金の純度は24分率で表される。たとえばK18（18カラット、18金）は金の含有率75%を意味する。金は結晶形ではめったに産出しないが、アメリカ・カリフォルニア州では直径2.5 cm大の結晶が見つかっている。代表的な結晶形は八面体と十二面体である。たいていは樹枝状、粒状、鱗片状の集合体で産出し、オーストラリアでは90 kgの塊が見つかっている。

古い時代には、風化した粒子状の金が濃集した砂鉱床で河川礫から採集された。たいていの火成岩には、見えないほど小さな金の粒子が低濃度で分散している。現代では、肉眼では識別できないくらいの微粒子を回収する金鉱もある。

Gold | 金　45

産業用の金

金は重要な産業用金属である。電気伝導性が高いため電気回路の接触部分、端子、プリント回路、半導体機器には金めっきが施される。金の薄膜は赤外線を98%反射する。窓ガラスを金でコーティングすると空調設備の利用を減らすことができる。金化合物は薬にも利用される。

宇宙望遠鏡
ジェームズ・ウェッブ宇宙望遠鏡の鏡は金でコーティングされている。

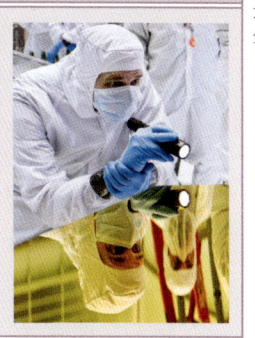

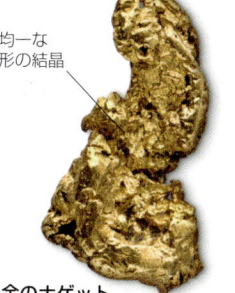

金のナゲット　塊状の金（金のナゲット、写真）を求めて鉱夫は採掘に励むがめったに産出しない。

不均一な外形の結晶

金の結晶
金の結晶はあまり形よく成長しない。写真は十二面体の結晶の集合体。

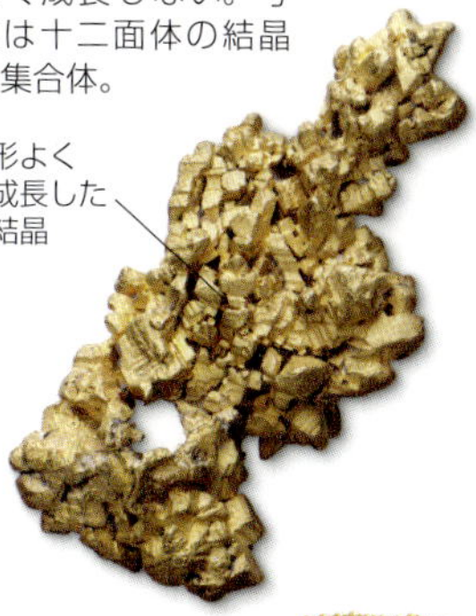

形よく成長した結晶

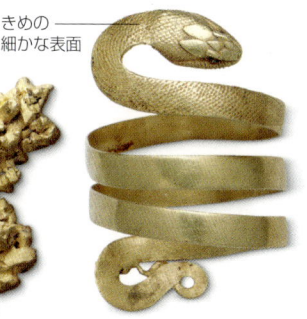

きめの細かな表面

古代ローマの腕輪
ポンペイで発掘された蛇の形の金の腕輪。

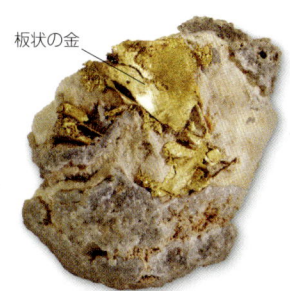

板状の金

平らな板状の金　石英の母岩に埋もれた薄板状の金。ルーマニア・トランシルヴァニア地方のバイツァで産出。

ビクトリア朝時代のネックレス　1870年頃につくられた金のネックレス。直径は6mmでそろっている。

小さく加工されたビーズ

1～4mm

粒状の金
砂鉱床で採取された金はほとんどが粒状あるいは鱗片状を示す。

粒金

古代ローマのピアス
飛び跳ねるイルカをかたどった金のピアス。目の周りは粒金と金線細工でつくられたデイジーの花びらで縁取られている。

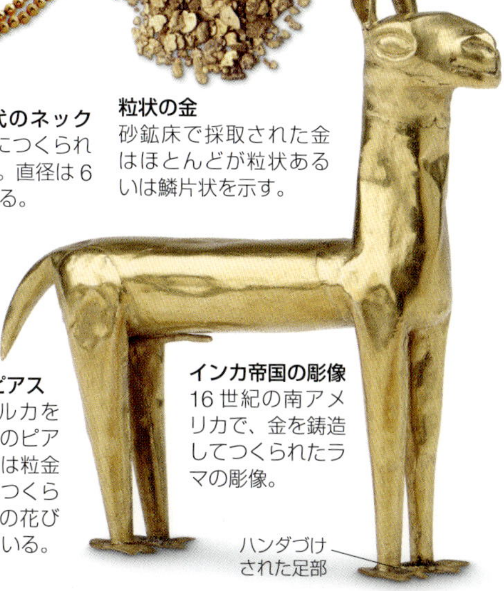

インカ帝国の彫像
16世紀の南アメリカで、金を鋳造してつくられたラマの彫像。

ハンダづけされた足部

ゴールドラッシュ

新しく金鉱床が発見されると成功を夢見る人たちが押し寄せ、ゴールドラッシュが始まる。19世紀のアメリカではヨーロッパからの移民と大量輸送手段の発達があいまって一大ゴールドラッシュが起きた。

フォーティーナイナーズ

1848年、金の発見をきっかけにカリフォルニアで空前のゴールドラッシュが始まり、1849年には8万人が押し寄せた。この年の移住者はとくにフォーティーナイナーズと呼ばれる。1853年までには25万人が移住した。はじめの頃は手作業で採取していたがすぐに枯渇したため機械が導入された。

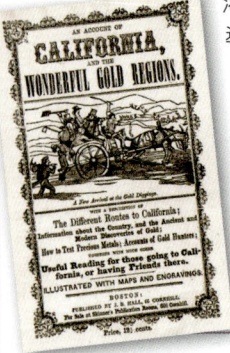

カリフォルニアへ カリフォルニアと金に関する冊子も何点か出版されゴールドラッシュに拍車をかけた。1849年に出版された写真の本もその一冊。

サクラメント 1850年、カリフォルニアのサクラメントで新たに見つかった金鉱床に金を求める人々が押し寄せた。サクラメントはのちにカリフォルニアの州都となった。

目指すはパイクスピーク

1850年代にはアメリカ・コロラド州でもパイクスピークの西側のクリッパークリークやクリアクリークで金が発見された。クリアクリークがプラット川に流れこむあたりがのちにデンバーとなった。セントラルシティ周辺には「地球で最も豊かな一画」と名づけられた採鉱場もあった。「目指せパイクスピークさもなくば破産」と書かれた旗を掲げた馬車が新しい金鉱地を目指して続々と西に向かった。各地のゴールドラッシュと同じく財を成した人はいるものの多くは報われなかった。いつしか馬車の列は東へ移動をはじめた。旗には「破産した」とあった。

神々の庭 アメリカ・コロラド州コロラドスプリングスの公園「神々の庭」の背景にそびえるパイクスピーク。頂上に雪を抱いている。

クロンダイクのゴールドラッシュ

1898年、クロンダイク川とユーコン川で金が発見されるやすぐゴールドラッシュが始まった。だが中心となったドーソンシティには町を支える産業はなく、金が採りつくされたとたん衰退した。ゴールドラッシュにわいた町の末路はどこも似ている。

ホワイトパス
金を求める人々はホワイトパス・アンド・ユーコン鉄道でクロンダイクまで移動した。金の採掘よりも物資の供給や運送の方が富を生んだ。

ビクトリアへ

オーストラリア・ビクトリア州のバララッドとベンディゴでも1851年にゴールドラッシュが始まった。北アメリカ産は薄片状や小形のナゲットが多かったが、オーストラリア産はほとんどが48 kgを超えるナゲットだった。オーストラリアでは現在でも大形のナゲットが産出する。

金のナゲット
スミソニアン博物館に収蔵されている金のナゲット。

アマゾンのゴールドラッシュ

アマゾンの熱帯雨林では1980年から大規模なゴールドラッシュが起きている。大掛かりな露天掘りの鉱山でおよそ42トンの金を採掘してきたが、その大部分は歩合制で働く鉱山労働者たちが手作業で掘り出している。金を回収して不要となった水銀を川に大量に垂れ流すため、環境に及ぼす影響が危ぶまれている。

椀がけ（パンニング） 椀がけは時間がかかるし効率も悪いが、現在でも利用されている。

プラチナ | Platinum

プラチナのネックレス
レオ・ドゥ・フローメンのデザインしたネックレス。ダイアモンドが左右対称に並べられ、装飾品としてのプラチナの美しさが存分に表されている。

後ろ部分に細かくあしらわれたダイアモンド

デザインの中心となる二つの輪

丸みを帯びた表面

ダイアモンドのはめこみ

プラチナのナゲット

性質

🔲	立方晶
⛏	4～4½
⚖	14.0～19.0
🚫	不透明
✨	金属光沢

Pt

プラチナ（白金）

プラチナは硬くて耐久性があり、身につけても腐食性を示さない。 現代の宝飾品に欠かせない貴金属である。人類は何千年にもわたってプラチナを利用してきたが、プラチナについて触れた記録は1500年代のものが最も古く、スペイン人がコロンビアのピント川で見つけた金属を不純な銀と考えプラチナ・デル・ピント（ピント川の小さな銀）と名づけたと記されている。銀とは関係のない単独の金属として認められたのは1735年になってからである。プラチナは薄片状や粒状で産出することが多く、ナゲットはめずらしい。不透明で銀色がかった灰色を示し、密度は高い。

おもに砂鉱床から採取されていたが、現在流通するプラチナのほとんどは初生鉱床で産出し、ニッケル採掘の副産物として得られる。おもな産地は南アフリカ、アメリカ・モンタナ州とアラスカ州、カナダ、ロシア。

プラチナとルビーの指輪
ヴァン・クリーフ＆アーペルがデザインしたアールデコ様式の指輪。ルビーがあしらわれている。

カット石

ダイアモンドなどの鉱物やオブシディアン（黒曜石）などの岩石に手を加えて形を整えたものをカット石という。仕上げを施したカット石は装身具にあしらい、その美しさを楽しむ。

カット石

カット石にはいわゆる宝石だけでなく、小さな彫刻やカメオ、タンブリング研磨した石、あるいは宝石箱や花器など実用的なものに加工する石も含まれる。大きな彫像、建物や床の装飾に使う厚板状の石など公共的な性質を有するものは含まれない。

— 細かな模様

翡翠の彫刻
細かな彫刻の施された 13.7 カラットのインペリアルジェイド。特有のすばらしい色合いと透光性を示している。石はミャンマーで産出。

六角形にファセットを刻まれたファイアオパール

ファンシーラウンドカットのエルバイト

ステップカットのアクアマリン

宝石のカット
写真は数あるカット方法のうちの3種類である。原石の大きさ、色、形によってカットの方法を決める。

カット石の美しさ

カット石は形も大きさも実にさまざまである。人の手の加え具合も、切って表面を磨いただけの石からこみ入ったカットを施した石や彫刻まで幅広い。いずれにしてもカット石にすることで素材本来の美しさが引き出される。あるいは人目を引かない素材の場合は美しさを楽しめるようになる。

はめこみ細工（象眼細工）
カーネリアン（橙色）とラピスラズリ（青色）のはめこまれた大理石。インド・ウッタルプラデシ州にある大理石の宮殿の一部。

ダイアモンド | Diamond

性質

- ラウンドブリリアント
- オーバルブリリアント
- ペンデロク
- ステップ
- マーキーズ
- ミックスド

- 立方晶系
- 10
- 3.4〜3.5
- 2.42
- 金剛光沢

みごとな光の分散

金剛光沢

ボルツダイアモンド

ブリリアントカットのダイアモンド
58面のブリリアントカットを施されたダイアモンド。ブリリアントカットはとくにダイアモンドの輝きを引き出すために考えだされたカット方法である。

C

ダイアモンド

ダイアモンドは最も硬い鉱物として古くから認められてきた。名前は「征服できない」を意味するギリシア語 adamas に由来する。結晶は丸みを帯びた稜と中央がわずかに膨らんだ面をもつ八面体あるいは立方体で産出することが多い。ダイアモンドはインドでは2300年前から知られていた。1700年代にブラジルで鉱床が発見されるまで世界で唯一の産地であったインドでは、ダイアモンドには研磨すると失われてしまう不思議な力があると考えられていた。このため長い間研磨されないまま使用されていた。1300年を過ぎた頃ヨーロッパで、面を削って研磨したり簡単なテーブルカットを施したりするようになった。

ダイアモンドは並外れた光沢と光の分散によってきらめくファイアを放ち、高い評価を得る。色も価値を決めるだいじな要素である。宝飾品には無色や淡い青色の石がよく用いられる。赤や緑色はめずらしく、純粋な橙や紫色となるとさらに希少価値が高くなる。

この20年で、熱処理や放射線照射を施して色を変えたダイアモンドが登場した。今日流通する赤、緑、青色などのファンシーカラーダイアモンドの多くはこのような処理をされている。色のついたダイアモンドは、天然色の保証がない限り色を改変された可能性がある。

Diamond | ダイアモンド

ダイアモンドの合成

モンドが合成されるようになった。合成ダイアモンドには黄色や青色が多く、時おり無色も生成する。合成ダイアモンドにX線を照射するとピンク色や緑色が得られる。宝石鑑定士は合成ダイアモンドと天然のダイアモンドを区別できる。

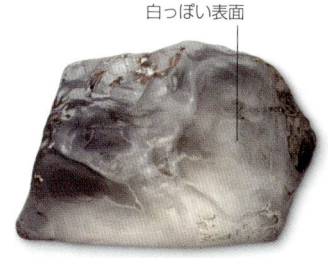

合成装置
この20年で、宝石として通用するほどの大きなダイア

白っぽい表面

カリナンダイアモンド
世界最大のダイアモンド。3106.75カラット、中ぐらいのジャガイモほどの大きさである。

底の平らな面

天然の色

ブリリアントカット

シェパードダイアモンド
南アフリカで産出した18.3カラットの黄色いダイアモンド。結晶中に窒素を含むため黄色を示す。

エメラルドカットの宝石
アイスブルー（水色）のダイアモンド。めずらしい色を強調するためにエメラルドカットが施された。

赤いダイアモンド
赤色のダイアモンドはめったに産出しない。赤色の原因はいまだによくわかっていない。

オッペンハイマーダイアモンド 窒素を含むため黄色を示す。253.7カラット、クルミ大の八面体の結晶。

八面体

脇石はテーパードバゲットカットを施されたダイアモンド

アールデコの指輪
エメラルドカットを施されたダイアモンドが台座の対称性を引き立たせている。

小さなインクルージョン

緑色の八面体
天然に産出した緑色の結晶。完全な八面体、ほぼ無傷である。

すばらしいファイア

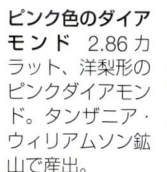

バゲットカット

ピンク色のダイアモンド 2.86カラット、洋梨形のピンクダイアモンド。タンザニア・ウィリアムソン鉱山で産出。

花束のブローチ
バゲットカットとブリリアントカットのダイアモンド（7.5カラット）があしらわれたプラチナのブローチ。

有名なダイアモンド

ダイアモンドは発見されてからずっと人々の心を捉えてきた。ダイアモンドには不思議な力が秘められているとされ、数々の神話や伝説が語りつがれてきた。けっして大きな粒ではないが波乱に富む来歴をもつ有名なダイアモンドもある。

ダイヤモンドには逸話が多い。2000年、ロンドンで開催中のダイアモンド展に窃盗団が押し入った。狙いは234.04カラットのミレニアムスターだが盗難はすんでのところで食い止められた。1669年、フランス国王ルイ14世が手にした115カラットの青色のダイアモンドはフランス革命のさなかに行方不明になったが1812年にロンドンに現れた。その後イギリス国王ジョージ4世から銀行家ヘンリー・ホープへと渡りホープダイアモンドと名づけられた。途中、何回か研磨され現在は写真の形で保管されている。

ブルーハート
ブルーハートダイアモンドは南アフリカで産出した。45.52カラットのホープダイアモンドよりもいくらか小さい30.62カラットだが独特のおもむきがある。

青色は微量のホウ素に起因する

ドレスデングリーン
ドレスデングリーンの緑色は天然である。41カラット、内部に傷はない。1720年頃にインドで採掘されたが名前はドイツの都市ドレスデンにちなむ。

ドレスデングリーン

マリー・ルイーズのネックレス
1811年、ナポレオン1世が息子の誕生を祝って妻マリー・ルイーズに贈ったネックレス。オールドマインカット（ブリリアントカットの一種）を施された総量263カラットのダイアモンドが使われている。

オールドマインカット

ブリリアントカット

ブルーダイアモンド

ペンデロクカット

カリナンのブルーダイアモンド
世界最大のダイアモンドはトーマス・カリナンによって発見された。いくつかに切り分けられ、大きな石はイギリス国王の戴冠用宝玉に使われた。カリナンは自分の妻には、めずらしいブルーダイアモンドが9個あしらわれたネックレス（左上写真）を贈った。

ラホールダイアモンドの複製（水晶）

コイヌールダイアモンド

コイヌールダイアモンド
1304年にインドで採取されたコイヌールダイアモンドは1849年にイギリスに渡った。現在は109カラットに研磨されエリザベス女王皇太后の冠に飾られている。

ホープダイアモンド 45.52カラットのホープダイアモンドはワシントンD.C.のスミソニアン博物館の宝石コレクションに収められている。現在の台座には20世紀初頭にはめこまれた。

マリー・アントワネットのイヤリング フランス国王ルイ16世が王妃マリー・アントワネットに贈ったダイアモンドのイヤリング。王妃の死後ロシアの宝石収集家の手を経てピエール・カルティエからマージョリー・メリウェザー・ポストに売りわたされた。

スファレライト | Sphalerite

性質

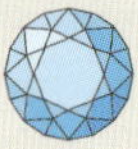

- ラウンドブリリアント 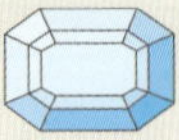
- エメラルド
- 立方晶系
- 3～4
- 3.9～4.1
- 2.36～2.37
- 樹脂光沢から金剛光沢、金属光沢

上部底部両方に刻まれたファセット

スファレライトの結晶

石英を伴うスファレライトの結晶

典型的なスファライトの色

石英

黄褐色のスファレライト エメラルドカットのスファレライト。ファセットを刻まれたスファレライトによく見られる黄褐色を示す。スファレライトの結晶は研磨しづらい。

いろいろな形状

ミックスドカット 金茶色のスファレライト

シザーカット 網目状のインクルージョンをもつ金茶色のスファレライト

ブリリアントカット 黄色のスファレライト。薄い黄色はめずらしい

(Zn,Fe)S

スファレライト（閃亜鉛鉱）

結晶は軟らかく劈開がはっきりしているためファセットを刻みにくく、収集家向けにだけ研磨される。アマチュアを対象にした宝石研磨の競技会ではたいていファセットを刻んだスファレライトが難易度の評価項目で最高得点を得る。淡い緑黄色から褐色、黒色を示し、黒色に近づくほど鉄の含有率が高い。不純物を含まない無色の石はめったに産出しない。赤色や赤褐色を示す透明な結晶はルビージンクあるいはルビーブレンドと呼ばれる。宝石質のスファレライトはおもにスペインとメキシコ、時おりアメリカ・ミシシッピ川流域、カナダ、ロシアで産出する。

　スファレライトの語源は「だます」を意味するギリシア語 sphaleros に由来する。光沢のある色の濃い結晶が他の鉱物と間違われやすいことにちなむ。接触変成帯、熱水鉱脈鉱床、高温（575℃以上）で生成した交代鉱床で産出する。

Pyrite｜パイライト 55

パイライトのネックレス
パイライトのビーズのネックレス。ていねいに丸く磨き上げられている。

大きさのそろったビーズ

天然に産出した結晶形

石灰石の母岩上のパイライト

性 質

- カメオ
- 片面研磨
- カボション
- ビーズ
- 立方晶系
- 6～6½
- 5.0
- 不透明
- 金属光沢

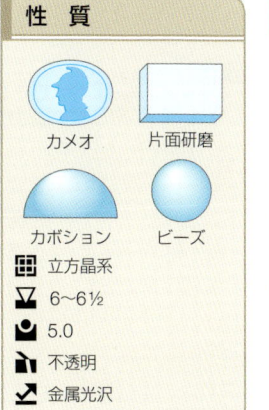

FeS$_2$

パイライト（黄鉄鉱）

「愚か者の金」とも呼ばれ、古代から利用されてきた。金よりも軽いが真ちゅうのような色を示すため経験の浅い探鉱者はよく金と間違えたという。新鮮な状態では不透明で淡い銀黄色を示すが空気に曝されると濃い色に変わる。パイライトの語源は「火」を意味するギリシア語 pyr。鉄でたたくと火花が出る特性にちなむ。

　宝石として扱われる場合はビーズ状に研磨されることが多い。ビクトリア朝時代にマーカサイトと呼ばれていた石の多くは実はパイライトである。古くから宝石として利用され、パイライトの台座にパイライトの明るく輝く結晶が石としてあしらわれた。今日では黄鉄鉱化（パイライト化）した化石も台座にはめたり、ペンダントに用いたりする。比較的硬く密度の高い鉱物だが、もろくもある。古代の人々は薄く切り、磨いて利用していた。磨いた結晶片を裏板の上にモザイク状に敷き詰めた鏡も見つかっている。熱水鉱脈、接触変成岩や堆積岩中で産出する。

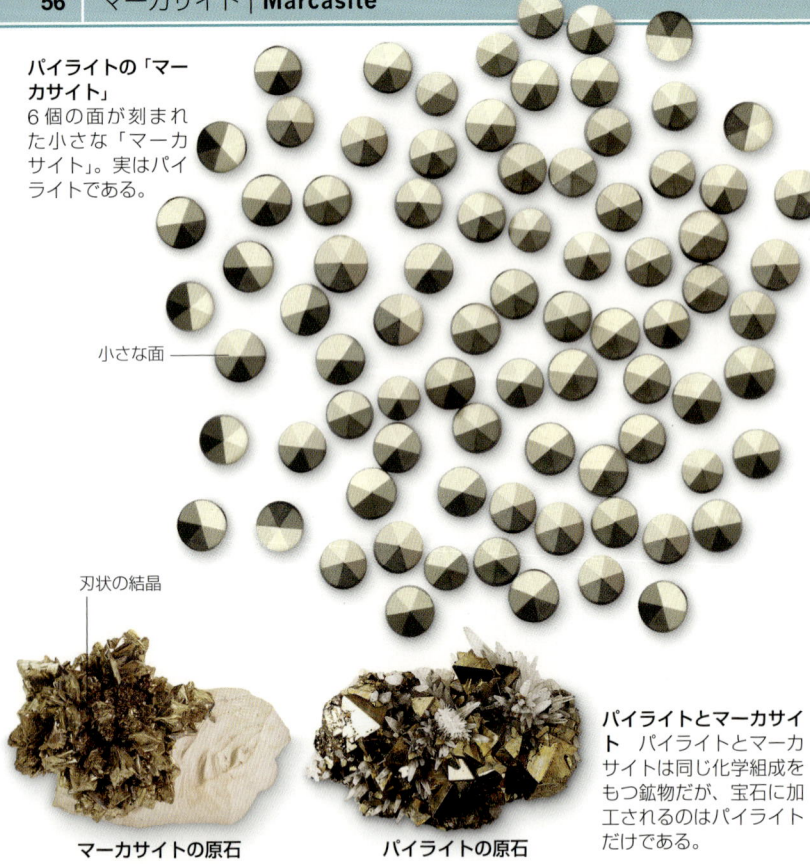

マーカサイト | Marcasite

パイライトの「マーカサイト」
6個の面が刻まれた小さな「マーカサイト」。実はパイライトである。

小さな面

刃状の結晶

マーカサイトの原石

パイライトの原石

パイライトとマーカサイト パイライトとマーカサイトは同じ化学組成をもつ鉱物だが、宝石に加工されるのはパイライトだけである。

性質

- 斜方晶系
- 6〜6½
- 4.9
- 不透明
- 金属光沢

FeS_2

マーカサイト（白鉄鉱）

マーカサイトと記されたさまざまな種類の宝飾品が存在するが、実はマーカサイトを宝石として使うことはない。中世から19世紀まで「マーカサイト」という名前はパイライト（p. 55）とマーカサイトの両方に用いられていた。二つが別の鉱物とわかったのは19世紀になってから。「マーカサイト」と記された宝飾品にはたいていパイライトが使われている。中にはヘマタイト（p. 57）やカットスチールからつくられた「マーカサイト」もある。

鉄の硫化鉱物であるマーカサイトの化学組成はパイライトと同じだが結晶の形が異なる。マーカサイトは不透明で新鮮な状態では淡い銀色がかった黄色を示す。空気に曝されると濃い色に変わり、やがてぼろぼろに崩れる。

ビクトリア朝時代のブレスレット
ビクトリア朝時代のマーカサイトのブレスレット。金属製の枠にパイライトの「マーカサイト」があしらわれている。

Hematite | ヘマタイト　57

性質

- ラウンドブリリアント
- カメオ
- カボション
- 六方晶系
- 5.6
- 5.3
- 2.94〜3.22
- 金属光沢〜無艶

ファセットを刻まれたカボションの上部

オーバルカボション
オーバルカボションカットを施された黒いヘマタイト。「マーカサイト」の名で売られていた。

鏡鉄鉱

表面は変色していろいろな色を示す

金属光沢

いろいろな形状

研磨ビーズ ヘマタイトは研磨されてビーズとして使われることが多い

オーバルマーキーズカボション ヘマタイトはもろいためファセットを刻んだ上面は傷つきやすい

Fe_2O_3

ヘマタイト（赤鉄鉱）

密度が高く硬い鉄の酸化鉱物である。粒子が細かく軟らかい土状から、硬くて密度が高い数種類の結晶形までさまざまな形状で産出する。粉末状のヘマタイト（レッドオーカー）は顔料、粒子状のヘマタイト（ルージュ）は板ガラスや宝飾品の研磨剤、硬くて黒色の塊状の石はビーズや彫刻の素材とされる。ファセットを刻まれたりカボションカットを施されたりすることもある。

　ヘマタイトの語源は「赤い血」を意味するギリシア語 haimatitis。粉末の色が赤いことにちなむ。血を連想するため出血や病気から身を守るとされ、古代ローマやエジプトの時代から研磨されたヘマタイトが宝飾品やお守りとして使われていた。新石器時代に埋葬された人骨には粉末状のヘマタイトが塗られていた。

彫り物
ヘマタイトは彫りやすいため大きな塊は彫刻素材として人気がある。

キュープライト | Cuprite

性質

- ステップ
- 立方晶系
- 3½〜4
- 6.1
- 2.85
- 金剛光沢、亜金属光沢

キュープライトの大きな標本
オーバルブリリアントカットのキュープライト。ファセットを刻まれたキュープライトにはめずらしく大きい。

テーブルファセット

キュープライトの結晶

キュープライトの結晶の集合体

いろいろな形状

ステップカット 小さいが透明度の高いキュープライト

Cu_2O

キュープライト（赤銅鉱）

独特の洋紅色を示す銅の酸化鉱物である。新鮮な状態では半透明の明るい赤色だが、光や空気に曝されると鈍い金属的な灰色に変わる。多くは砂糖にも似た塊状や粒状の集合体で産出する。おもに八面体や立方体の結晶を生成し、たいていは条線をもつ。ファセットを刻まれたキュープライトは装身具とするには軟らかすぎるが、非常に明るく輝きガーネットのような赤色を示すため収集家に人気がある。

キュープライトは銅の重要な鉱石であることにちなみラテン語で「銅」を意味するcuprumから命名された。銅の硫化鉱物鉱床の酸化帯で二次鉱物として産出する。1カラットを超える、ファセットを刻まれた石はめずらしく、そのほとんどはナミビアの鉱山で採掘されたものである（現在は枯渇）。宝石質だが量も大きさも小ぶりの石はチリ、オーストラリア、ボリビアで産出する。

Blue Sapphire | ブルーサファイア 59

性 質

- ラウンドブリリアント
- カメオ
- カボション
- 六方晶系または三方晶系
- 9
- 4.0
- 1.76〜1.77
- ガラス光沢

ブリリアントカットのサファイア
クッションモディファイドブリリアントカットを施された、高い透明度とみごとな色を示すブルーサファイア。メインファセットが左右均等に刻まれている。

水の作用で磨耗した結晶

コランダムの結晶

研磨されていないサファイアでよく見られる色帯

均等に刻まれたファセット

いろいろな形状

カボション 一定方向に並んだルチルのインクルージョンが光を反射して現れたスター

Al_2O_3

ブルーサファイア

コランダム（鋼玉）のうち赤以外の色を呈する石をすべてサファイアという。サファイアといえばたいていの人は青色を思い浮かべる。最も価値の高いサファイアはブルーサファイアである。青色はわずかに含むチタンと鉄に起因し、コーンフラワー（矢車草）ブルーと呼ばれる明青色から黒色に近い暗青色まで幅がある。カラーチェンジサファイアあるいはアレキサンドライトサファイアと呼ばれる変種は太陽光の下では青色、白熱灯の下では赤みを帯び、時には紫色を示す。

19世紀以前は青色のコランダムだけをサファイアと呼んでいたため、古い文書に記されているサファイアの多くはブルーサファイアである。古代ギリシアや中世ではブルーサファイアには目の病を治し、人々を悩みから救う力が宿るとされた。中世の王たちの宝飾品にはたいていブルーサファイヤがあしらわれ、聖職者にはブルーサファイアの指輪が与えられた。東洋でもサファイアには邪悪な目に対抗する力があるとされた。おもな産地はビルマ、スリランカ、インド、タイ、オーストラリア、ナイジェリア、マダガスカル、アメリカ。

ルビー | Ruby

性質

- ラウンドブリリアント
- オーバルブリリアント
- エメラルド
- カメオ
- カボション

- 六方晶系または三方晶系
- 9
- 4.0
- 1.76～1.77
- ガラス光沢

クッションミックスドカットのルビー
ルビーの多くは内部に傷をもつが、小さなファセットをたくさん刻むことによって隠すことができる。

スターファセット

濃い紫赤色

柱状の結晶

母岩

母岩に埋もれたルビー

いろいろな形状

スターカボション
スターがくっきり現れたみごとなルビー

ステップカット 鮮やかな赤色がはえる合成ルビー

ブリリアントカット
内部反射を示すルビー

Al_2O_3

ルビー

濃い赤色の宝石質コランダム（鋼玉）。結晶構造中のアルミニウムの一部が微量のクロムに置き換わり赤色を示す。クロムの量が増えるにつれて色味が深くなる。ピンクサファイアからルビーまで赤い色味は連続するが濃い色の石だけがルビーとされる。10カラット以上のルビーはあまり産出せず貴重である。優れた品質のルビーになると同じ大きさのダイアモンドよりも高い値のつくことがある。結晶の多くは末端が細い、あるいは平らな柱状で産出する。

ミャンマー、タイ、スリランカで高品質のルビーが産出する。少量であれば他の土地でも産出する。合成ルビーも流通する。かつては透明な赤い鉱物が間違ってルビーと呼ばれることもあった。

スクエアカットの古いルビーの指輪 四角い台座に対して直角にはめこまれたルビー。

Padparadscha | パパラッチャ

ミックスドカットの石
角の丸い楔石の形に仕上げられたミックスドカットのパパラッチャ。

酸化鉄によって着色したひび

パビリオンファセット

パパラッチャの原石

性質

ラウンドブリリアント
オーバルブリリアント
ステップ

- 六方晶系から三方晶系
- 9
- 4.0〜4.1
- 1.76〜1.77
- 金剛光沢からガラス光沢

Al_2O_3

パパラッチャ

コランダム（鋼玉）の中でピンク色を帯びた橙色を示す変種。ルビー以外で独立した名前をもつ唯一のコランダムである。その他の色の変種についてはブルーサファイア、イエローサファイアなどサファイアの前に色名をつけて区別する。ピンク色を帯びた橙色はとてもめずらしく、その宝石となると大きさを問わずさらにまれである。ピンク色と橙色の部分がはっきり分かれている原石をカットする場合には両方を含むように向きを決める。オレンジサファイアも存在するがパパラッチャと称するためには橙色がうっすらピンク色を帯びていなければならない。

　パパラッチャという名前は「蓮の花の色」を意味するサンスクリット語あるいはシンハリ語 padma raga に由来する。コランダムは閃長岩、ある種のペグマタイト、高度変成岩の中で生成する。砂鉱床に濃集することもあり、そのような場所からはパパラッチャを含むコランダムのほとんどの宝石質変種が採取される。おもな産地はスリランカ、ベトナム、アフリカ各地、アメリカ・モンタナ州。

ファンシーサファイア | Fancy Sapphire

性質

- カボション
- カメオ
- エメラルド
- ミックスド
- ラウンドブリリアント

- 六方晶系または三方晶系
- 9
- 4.0〜4.1
- 1.76〜1.77
- 金剛光沢からガラス光沢

輝きを出すために分割されたメインファセット

イエローサファイア
ミックスドカットを施されたイエローサファイア。黄色はファンシーサファイアを代表する一色である。

色帯

水の作用で磨耗したサファイアの両錐状結晶

Al_2O_3

ファンシーサファイア

ルビー（p. 60）**と同じくサファイアは宝石質のコランダム**（地球上でダイアモンドに次ぐ硬さの鉱物）である。一般には青色とされるが、無色、緑、黄、橙、紫、ピンク色などさまざまな色がある。青以外の色を示すサファイアをまとめてファンシーサファイアという。単にサファイアといえばブルーサファイアを指し、個々の色のサファイアについてはサファイアの前に色名をつける。ピンクサファイア、イエローサファイア、あまり産出しない無色のホワイトサファイアなど。太陽光下では青色、白熱灯下では紫色あるいは赤みを帯びて見えるカラーチェンジサファイアもある。橙色がかったピンク色のサファイアはパパラッチャといい、ファンシーサファイアの中でただ一つ独立した名前をもつ。サファイアの結晶は六方晶系であり、たいていはブロック状または両錐形の樽状で産出する。多くはルチルのインクルージョンを含むためカボションカットを施すとスターが現れる。ルチルのインクルージョンは濁りとなることもある。現在では色と透明性を高めるために加熱処理もよく行われる。

最も古いサファイアの宝石のひとつは1042年のエドワード懺悔王の戴冠式で使われたとされる「聖エドワードのサファイア」。

Fancy Sapphire | ファンシーサファイア

レクタンギュラーパビリオンファセット

結晶の末端

色帯

ピンクサファイアの原石 このような濃いピンク色のサファイアの結晶はすばらしい宝石になる。

ファセットを刻まれたピンクサファイア ピンク色のサファイアは人気がある。赤みが強くなるとルビーに近づく。

グリーンサファイア かつてはオリエンタルエメラルドと呼ばれていたグリーンサファイア。オーバルカットを施されている。

無色のサファイア あまり産出しない無色のサファイア。クッションミックスドカットを施されている。

キューレットファセット

さまざまな色のサファイア 花びらはピンクサファイア、めしべはイエローサファイア、茎は無色のサファイアでつくられた花の形のブローチ。

中央は黄色の石

18金の石留め

複雑なクッションミックスドカット

サファイアのブローチ アメリカ・モンタナ州で産出したさまざまな色のサファイア（ブリリアントカットが331個、カボションカットが2個）がちりばめられた蝶の形のブローチ。

イエローサファイアの指輪 数カラットのイエローサファイアのあしらわれた18金のイエローゴールドの指輪。両脇はダイアモンド。

覆輪留め

ラベンダーサファイア オーバルブリリアントカットを施されたイヤリング。

モンタナサファイア

アメリカ・モンタナ州にはさまざまな色の宝石質ファンシーサファイアを産出する鉱床がある。アイダホ州との州境近くにある山脈と、州都近くを流れるミズーリ川の沿岸。この二か所の鉱床から大量のファンシーサファイアが採掘される。

ミズーリ川
モンタナ州を流れるミズーリ川沿いにはエルドラドバーと呼ばれるサファイア鉱床がある。

ルビーとサファイア

大きなルビーとサファイアは大きなダイアモンドと同じくらいめったに産出しない。ルビーやサファイアが生成する地質条件では結晶は大きく成長しにくい。ルビーとサファイアの色はわずかに含む元素に起因する。

ルビーとサファイアはコランダム（アルミニウムの酸化鉱物）の色変種である。ルビーの赤色は結晶構造中にわずかに含むクロムに起因する。ブルーサファイアの青色は不純物として含む微量の鉄とチタンに起因する。青色以外のサファイアの色はそれぞれ1種類あるいは数種類のさまざまな微量元素によって生じる。ルビーやサファイアにまつわる歴史や逸話はダイアモンドほどは残っていない。その一因は19世紀までは他の赤色や青色の石もルビーまたはサファイアと呼ばれていたことにある。ローマ時代の書物の中でサファイアと記されている宝石はおそらくラピスラズリ。14世紀よりイギリス王室に伝わる王冠に飾られている「黒太子のルビー」も実はスピネルである。

スターオブクイーンズランド 733カラット、世界最大級のサファイア。1930年代に発見され、現在は個人に所有されている。

ダイアモンドの飾り輪

ブリリアントカットのダイアモンド

ホールサファイアのネックレス スリランカ産の色のそろった36個のサファイア、195カラットが使われている。周りを飾るのはブリリアントカットを施された435個のダイアモンド、83.75カラット。

ステップカット

色の調和した石

ローガンサファイア スリランカで採掘された423カラット、鶏の卵ほどの大きさの世界最大級のブルーサファイア。

脇石はスクエアカットのサファイア

ルチルのインクルージョンによって現れたスター

ビスマルクサファイア
ペンダントにあしらわれた 98.6 カラットのサファイアにはテーブルカットが施されている。周りを飾るのはバゲットカットのダイアモンドと 4 個の小さなサファイア。現在はアメリカのスミソニアン博物館で展示されている。

スターオブアジア
ミャンマーのモゴクにある鉱山で採掘された 330 カラットのスターサファイア。かつてはインドのジョードプルを支配していたマハラジャに所有されていた。

ロッサーリーブスルビー
世界で最も大きく最も美しいスタールビーのひとつ。138.7 カラット、色も、くっきりしたスターもみごとである。

ミックスドカット

はっきり現れたスター

カルメンルチアルビー
23.1 カラットのミャンマー産のルビー。実業家ピーター・バックが亡き妻をしのんでスミソニアン博物館に寄贈した。

スピネル | Spinel

性質

- ラウンドブリリアント
- オーバルブリリアント
- エメラルド
- クッション
- カボション

- 立方晶系
- 7½〜8
- 3.6
- 1.71〜1.73
- ガラス光沢

鋭い先端の八面体結晶

石英の母岩

母岩中のスピネルの結晶

ガラス光沢

エメラルドカット

ルビースピネル
濃い赤色を示すスピネルはルビースピネルとも呼ばれる。赤色のスピネルがルビーと間違われていた時代の名残である。

いろいろな形状

スタースピネル めずらしく六条のスターの現れたカボションカット

モディファイドブリリアントカット 灰青色のスピネル

クッションカット めずらしい紫色のスピネル

$MgAl_2O_4$

スピネル（尖晶石）

現在知られている中で最も古い宝石質のスピネルはアフガニスタン・カブール近くの仏教徒の墓から掘り出された紀元前100年のものである。宝石質のスピネルはスピネルグループに属する、マグネシウムとアルミニウムの酸化鉱物である。青、紫、赤、ピンク色がよく宝石とされるが、他の色でも産出する。平行に並んだ針状のルチルを含むスピネルにカボションカットを施すと六条や八条のスターが現れる。

スピネルの名前は、先端の鋭い八面体結晶にちなんで「小さなとげ」を意味するラテン語 spinella から命名された。風化しにくいため多くが砂鉱床で産出する。おもな産地はミャンマー、スリランカ、マダガスカル。宝石質のスピネルはパキスタン、オーストラリア、タジキスタン、アフガニスタンでも産出する。ルビースピネルは血のような赤色を示すためルビーとよく間違われた。

Taaffeite | ターフェアイト

ガラス光沢

水磨された表面

ターフェアイトの原石

灰色を帯びた淡い藤色

クッションカットのターフェアイト
高い透明度とみごとな輝きを示すクッションカットのターフェアイト。

性質

ラウンドブリリアント
ミックスド
ステップ

- 六方晶系
- 8
- 3.61
- 1.71～1.72
- ガラス光沢

$BeMg_3Al_8O_{16}$

ターフェアイト（ターフェ石）

世界で最もめずらしい宝石のひとつ。発見されたのは1945年、発見者であるダブリンの宝石研究家ターフェ伯爵にちなんで命名された。古い宝飾品からはずされた宝石の山を調べていたターフェ伯爵は複屈折を示す石に気づいた。外観、硬さ、密度からスピネル（p. 66）と分類されていたがスピネルならば単屈折を示すはず。さらに詳しく分析したところベリリウム、マグネシウム、アルミニウムを含む酸化鉱物であることがわかり、新種の鉱物の発見と相成った。その後、ターフェアイトと鑑別し直された宝石もいくつかある。

ターフェアイトは淡い藤色、緑色、サファイアのような青色を示す。スリランカ、中国の湖南、オーストラリア南部のいずれも宝石礫で産出する。地質学的起源は不明だが、マグネシウムとアルミニウムを含む片岩と考えられる。産出量の少ない鉱物のため産業分野での利用は宝石に限られている。

アレキサンドライト | Alexandrite

性質

- オーバルブリリアント
- ラウンドブリリアント
- クッション
- エメラルド

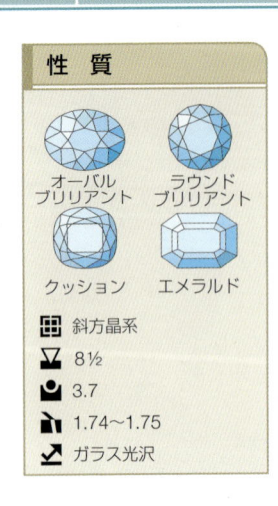

- 斜方晶系
- 8½
- 3.7
- 1.74〜1.75
- ガラス光沢

ステップカットのパビリオン

双晶

アレキサンドライトの結晶の集合体

自然光下でのアレキサンドライト

白熱灯下でのアレキサンドライト

クッションカットのアレキサンドライト
17.08カラットのとても大きなアレキサンドライト。光源の違いによる典型的な色の変化を示している。

いろいろな形状

帯緑色　自然光下でのクッションカットの石

$BeAl_2O_4$

アレキサンドライト

クリソベリルの宝石質の変種。とてもめずらしく、高価な宝石である。一般的なクリソベリルは結晶でもファセットを施した宝石でもさほどめずらしくない。アレキサンドライトは他のクリソベリルと同様に耐久性があり、コランダムとダイアモンド（p. 50〜51）に次いで硬い。1830年、ロシア皇帝アレキサンダー2世の誕生日とされる日にロシアのウラル山脈で発見されたことからアレキサンドライトと命名された。太陽光の下では青緑色から緑色、白熱灯の下では赤色を示す。アレキサンドライトはたいてい雲母片岩から産出するが、クリソベリルは花崗岩や花崗岩ペグマタイト中に産出する。ファセットを施したアレキサンドライトで10カラットを超えるものはめったにない。

　ウラル地方のアレキサンドライト鉱床はほぼ枯渇しているが、ブラジル、スリランカ、インド、タンザニアでは宝石質のアレキサンドライトが得られる。合成アレキサンドライトもつくられている。

Cat's eye Chrysoberyl | キャッツアイクリソベリル

性質

- カボション
- 斜方晶系
- 8½
- 3.7
- 1.74〜1.75
- ガラス光沢

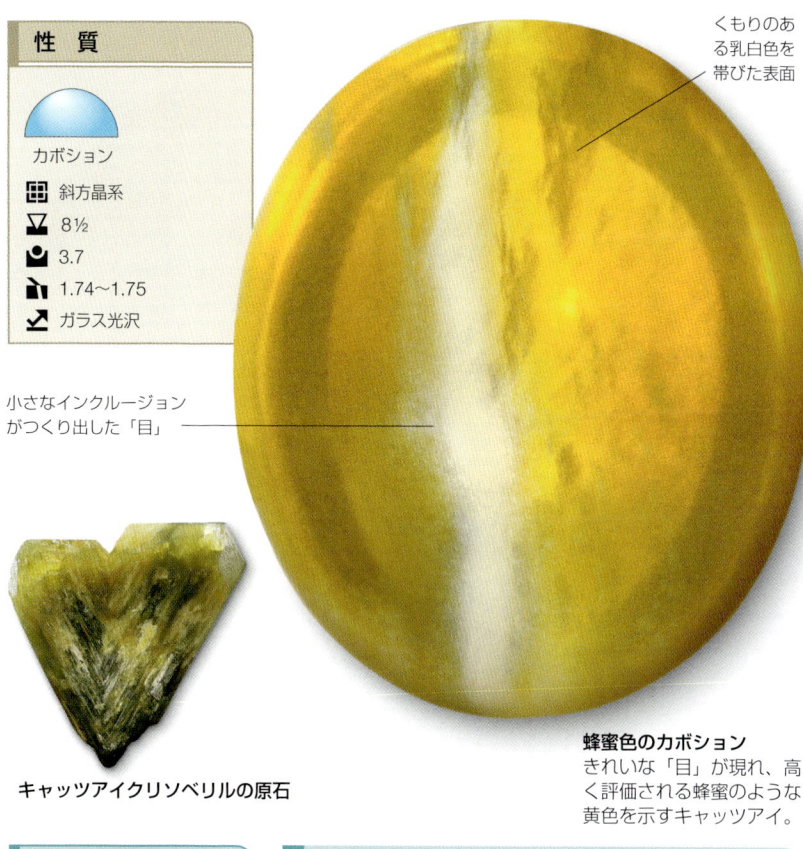

小さなインクルージョンがつくり出した「目」

くもりのある乳白色を帯びた表面

蜂蜜色のカボション きれいな「目」が現れ、高く評価される蜂蜜のような黄色を示すキャッツアイ。

キャッツアイクリソベリルの原石

いろいろな形状

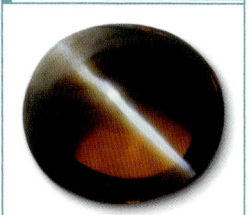

濃い色 鋭い「目」と濃い蜂蜜色を示すキャッツアイのカボション

黄緑色のカボション 鋭いキャッツアイの現れたクリソベリル

$BeAl_2O_4$

キャッツアイクリソベリル（猫目石）

くもりのある乳白色を帯び、シャトヤンシーの現れるキャッツアイクリソベリルはクリソベリルの変種である。平行に並んだ小さな針状のインクルージョンを内包する。インクルージョンからの反射光が表面で明るい筋をつくるように結晶の向きを選びカボションカットを施すとキャッツアイが現れる。100カラットを超えるカット石はめったにない。最高品質のものは良質のサファイアと同じくらい高価である。

クリソベリルは硬く耐久性があり、黄、緑、褐色を示す。風化作用を受けた母岩から運搬され河川の砂礫に濃集する。

キャッツアイの十字架 大きさも色もそろった11個のキャッツアイのカボションからなるペンダント。

キャシテライト | Cassiterite

性質

- ステップ
- 正方晶系
- 6〜7
- 7.0
- 2.00〜2.10
- 金剛光沢から金属光沢

オーバルカットのキャシテライト
典型的な赤褐色を示す。このような宝石質はめずらしく、研磨しにくい。

金剛光沢

裏側のファセットが二重に見える

キャシテライトの柱状結晶

白雲母の母岩

母岩上のキャシテライトの結晶

いろいろな形状

めずらしい色 ファセットを施された無色に近いキャシテライト

SnO_2

キャシテライト（錫石）

結晶は柱状で末端は錐状を示し、柱面にはたくさんの条線がある。純粋なキャシテライトは無色だが、多くは鉄を含み褐色や黒色を示す。時おり産出する赤褐色の結晶は収集家向けにファセットを刻まれる。キャシテライトの結晶は耐久性に優れ密度が高いため、風化侵食作用を受けて砂鉱床に濃集する。宝石質の結晶はほとんどが砂鉱床で採取されるが、母岩に埋もれた状態で産出する結晶もある。結晶は明瞭な二色性を示す。ファセットを刻んだ赤褐色の結晶はブラウンダイアモンド（p. 50〜51）やスフェーン（p. 197）と紛らわしいが二色性と高い比重によって区別できる。宝石質の結晶はイタリア、ポルトガル、フランス、チェコ共和国、ブラジル、ミャンマーで産出する。

キャシテライトはスズの酸化鉱物である。名前はギリシア語で「スズ」を意味するkassiterosに由来する。花崗岩を伴う高温（575℃）の熱水鉱脈で産出する。

Rutile｜ルチル

ルチルを含む石英
カボションカットの透明な水晶。ルチルの金色の結晶を含んでいる。

ルチルの刃状結晶

縦の条線

ルチルの暗赤色の結晶

性質

- ラウンドブリリアント
- オーバルブリリアント
- ステップ
- カボション
- ⊞ 正方晶系
- ▽ 6～6½
- 4.2
- 2.62～2.90
- 金剛光沢から亜金属光沢

TiO_2

ルチル（金紅石）

石英の中に含まれる薄金色の針状結晶としてよく知られるチタンの酸化鉱物である。多くは金色から黄色がかった褐色、暗褐色、黒色、赤色を示す。名前は「赤い」あるいは「金色に光る」を意味するラテン語 rutilis に由来する。結晶は一般に柱状だが細長い針状も示す。多くは柱面の縦方向に条線が発達する。

おもに花崗岩、ペグマタイト、片麻岩、片岩の微量副成分鉱物として産出する。また熱水鉱脈でも産出する。ルチルをインクルージョンとして含む宝石は価値が上がる。サファイア（p. 59、p. 62～63）やルビー（p. 60）の中で微細なルチル結晶の向きがそろうとスターが現れる。ルチルを含有する水晶（p. 108）は古くから装飾品にされてきた。赤みを帯びたルチルはかすかに透明で、収集家向けにファセットを刻まれる。合成ルチルにはさまざまな色があり、多くの流通名がつけられている。

ダイアスポア | Diaspore

性質

- ステップ
- カボション
- 斜方晶系
- 6½〜7
- 3.4
- 1.68〜1.75
- ガラス光沢

複雑なファセット

繊維状構造

塊状のダイアスポア

ブリリアントカットのダイアスポア
スクエアブリリアントカットを施されたダイアスポア。みごとな透明性と輝きを示す。

いろいろな形状

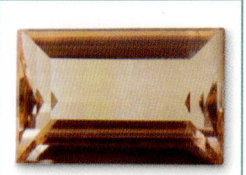

レクタンギュラーステップカット かすかにラベンダー色を示すダイアスポア

AlO(OH)

ダイアスポア

アルミニウムの水酸化鉱物。宝石として流通するようになったのは比較的最近である。高温で熱するとひびが入り粉々に砕ける性質にちなみ「散らばる」を意味するギリシア語 diaspora から命名された。多色性が強く、同じ石でも見る方向によって紫青色、アスパラガスのような緑色、赤みを帯びたプラム色と異なる色を示す。透明なダイアスポアの産地はトルコ・アナトリア半島のイルビル山にある鉱床一か所にほぼ限られる。この鉱床で産出するダイアスポアは光源によっても異なる色を示す。自然光下では緑色、燃焼光（ろうそくの光）下ではラズベリーのような紫ピンク色、白熱灯下ではシャンパン色。半透明の結晶にカボションカットを施すとキャッツアイ効果がはっきり現れることがある。

　宝石として流通するダイアスポアにはズルタナイトという商標名がつけられているが、ダイアスポアのまま流通する石もある。片岩や大理石など変成岩中で生成する。熱水変成岩中にも含まれる。宝石質の結晶はロシアのウラル山脈やアメリカでも時おり産出する。

Blue John | ブルージョン 73

ブルージョンの花瓶
みごとな花瓶に加工されたブルージョン。典型的な縞模様が現れている。

入り組んだ層をなす縞模様

黄色と紫色の縞目

典型的なブルージョンの原石

♣ CaF$_2$

ブルージョン

紫色と無色あるいは紫色と淡黄色の独特の縞模様を示すほたる石（p. 74〜75）をブルージョンという。ブルージョンの名前は縞模様の色にちなんでフランス語で「青色（と）黄色」を意味する bleu jaune からつけられたといわれている。もろいため樹脂で固めて耐久性を高めることが多い。花瓶、飾り壺、皿、装飾品、宝石に使われる。

　おもな産地はイギリスのキャッスルトン。キャッスルトンにはそれぞれに異なる模様のブルージョンを産出する鉱脈がいくつも存在する。キャッスルトンでは古代ローマの時代から採掘されていた。古代ローマ人はブルージョンの杯で飲むワインはよい香りがすると珍重した。香りの正体は杯をつくるときに使われた樹脂である。キャッスルトンでの採鉱は18〜19世紀に全盛期を迎え現在も続けられている。

性 質

カボション / 片面研磨 / カメオ

- ⊞ 立方晶系
- 4
- 3.0〜3.3
- 1.43
- ガラス光沢

ブルージョンのカボション
ブルージョンのあしらわれた銀の指輪。軟らかいため取扱いには注意が必要である。

ほたる石（フルオライト）

性質

- 片面研磨
- ステップ
- カメオ
- 立方晶系
- 4
- 3.0〜3.3
- 1.43
- ガラス光沢

CaF_2

黄色のほたる石
鮮やかな黄色のほたる石。40.01カラット。近年タンザニアで採掘され、現在はアメリカ国立宝石コレクションで保管されている。

複雑にファセットを刻まれたパビリオン

立方体の面

宝石質の黄色のほたる石

鮮やかな色を示し、中でも菫色、緑色、黄色が多い色調の豊富な鉱物である。同じ結晶内で、結晶の輪郭に沿って異なる色が縞状に現れる。ファセットを刻みにくいためもっぱら収集家向けにだけ研磨される。

ほたる石はカルシウムのフッ化物である。カルシウムの20%ほどがイットリウムやセリウムに置き換わったほたる石に紫外線を当てると可視光を放つ（蛍光現象）。蛍光現象が最初に見つかった鉱物はほたる石である。

結晶はよく成長し立方体や八面体で産出する。塊状、粒状、緻密な状態でも産出する。イギリスで産出するブルージョンと呼ばれる塊状のほたる石はローマ時代から装飾品に加工されていた。古代エジプトでは塊状のほたる石から彫像やスカラベの印章がつくられた。中国では300年以上にわたって彫刻の素材とされている。中国でつくられたほたる石の彫刻の中には翡翠として売られているものもあるが、軟らかいため見分けられる。ほたる石の英語名は「流れる」を意味するラテン語fluereに由来する。古代より金属を精錬するときにフラックス（溶融剤）として利用してきたことにちなむ。旧名のフロースパーは、現在では製鋼の際にフラックスとして用いる塊状のほたる石についてのみ使われる。おもに低温熱水鉱床（200℃以下）で産出する。

Fluorite | ほたる石　75

ほたる石のファセッティング

ほたる石は強い劈開（いくつかの方向に割れやすい性質）をもつ研磨職人泣かせの石である。カットするときは方向を慎重に選び、熱や振動を与えないようにゆっくり研磨しなければならない。仕上げの際も破損しないように蝋をしみこませた木製の研磨盤で磨く。

ファセットを施されたほたる石 とても苦労して研磨されたほたる石。

橙色の立方体結晶 橙色の立方体結晶が貫入しているめずらしい標本。

ラベンダー色の集合体 ラベンダー色のほたる石の集合体。一部透明な部分も混じっている。

紫色のほたる石の原石 ファセットカットに向く紫色のほたる石。

軟らかいため研磨しにくい

クッションカットのほたる石 クッションファンシーカットを施された、ほぼ無色のほたる石。

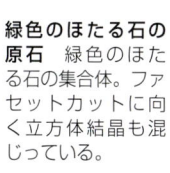

緑色のほたる石の原石 緑色のほたる石の集合体。ファセットカットに向く立方体結晶も混じっている。

ほたる石の彫像 緑色のほたる石を研磨してつくられた立像。

めったにない濃い緑色

クッションカットのほたる石 9.24カラット、鮮やかな緑色のほたる石。イギリスで産出。

細かい彫刻

ブリリアントカットのほたる石 ブリリアントカットを施された黄緑色のほたる石。

テーブルファセット

76 方解石 | Calcite

エジプトの方解石
ツタンカーメン王の墓から出土したカノポス壺（ミイラをつくるときに遺体の内臓を納めた壺）のふた。素材はアラバスターとよく間違われるが方解石である。

半透明の方解石

犬牙状結晶

偏三角面体を示す透明な方解石

性質

- カメオ
- 片面研磨
- カボション
- 六方晶系または三方晶系
- 3
- 2.7
- 1.48〜1.66
- ガラス光沢

$CaCO_3$

方解石（カルサイト）

カルシウムの炭酸塩鉱物の中で最もよく産出する鉱物である。結晶形は変化に富み、美しい。しかしほとんどの方解石は石灰岩、大理石、トラバーチンの主要構成鉱物として塊状で産出する。塊状の方解石は装飾石や彫刻素材とされる。透明度の高い方解石は収集家向けにファセットを刻まれることもあるが、軟らかく劈開面に沿って割れやすいため研磨しづらい。純粋であれば無色、淡い色、白色を示すが実際は青色、緑色、黒色を含むさまざまな色で産出する。

　トラバーチンは、方解石が層状に沈殿した河川や温泉から水が蒸発して生成する、高密度で縞状を示す岩石である。磨くと艶を帯び、公共建築物の壁や室内装飾に使われる。ローマ近郊を流れるアニエーネ川沿いには沈殿したトラバーチンからなる厚さ数 m の層がある。古代エジプトでアラバスターと呼ばれていた彫刻素材は方解石である。現在でも方解石をアラバスターと呼ぶことがある。

Smithsonite ｜スミソナイト 77

性質

- カボション
- 片面研磨
- ステップ
- 六方晶系または三方晶系
- 4〜4½
- 4.4
- 1.62〜1.85
- ガラス光沢から真珠光沢

スミソナイトのカボション とても硬い半透明のスミソナイト。オーバルカボションカットが施されている。

均一な色合い

青色のスミソナイト

母岩上のスミソナイト

いろいろな形状

青色のスミソナイト
スミソナイトのカボション。青色はめずらしい

レクタンギュラーカボション
青緑色のスミソナイト

$ZnCO_3$

スミソナイト（菱亜鉛鉱）

アメリカのスミソニアン学術協会の設立に遺産を投じたジェームズ・スミソンにちなんで命名された亜鉛の炭酸塩鉱物である。青緑色が最も珍重されるが、黄、橙、ピンク、ライラック紫、白、灰、緑、青、褐色なども示す。多様な色は少量のカドミウム、コバルト、銅、マンガン、鉛に起因する。多くは小球状、ぶどう状、鍾乳石状の塊で産出する。ドライボーンと呼ばれる蜂の巣状の集合体もつくる。結晶の多くは面の湾曲した菱面体だがめったに産出しない。装身具とするには軟らかすぎる。とてももろく簡単に磨耗したり欠けたりもする。収集家向けにはファセットを刻まれることもある。カボションカットあるいは彫刻を施して装飾品とする。

亜鉛鉱床の酸化帯や炭酸カルシウムに富む岩石の近くで産出する。おもな産地はドイツ、メキシコ、ザンビア、イタリア、オーストラリア、アメリカ。

ロードクロサイト | Rhodochrosite

性質

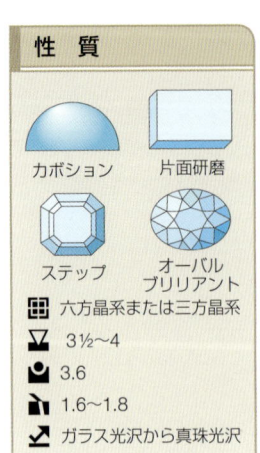

- カボション
- 片面研磨
- ステップ
- オーバルブリリアント
- 六方晶系または三方晶系
- 3½〜4
- 3.6
- 1.6〜1.8
- ガラス光沢から真珠光沢

方解石の母岩中のロードクロサイト
- 方解石
- 美しい宝石級の結晶

いろいろな形状

ブリリアントカット
めずらしい赤橙色のロードクロサイト

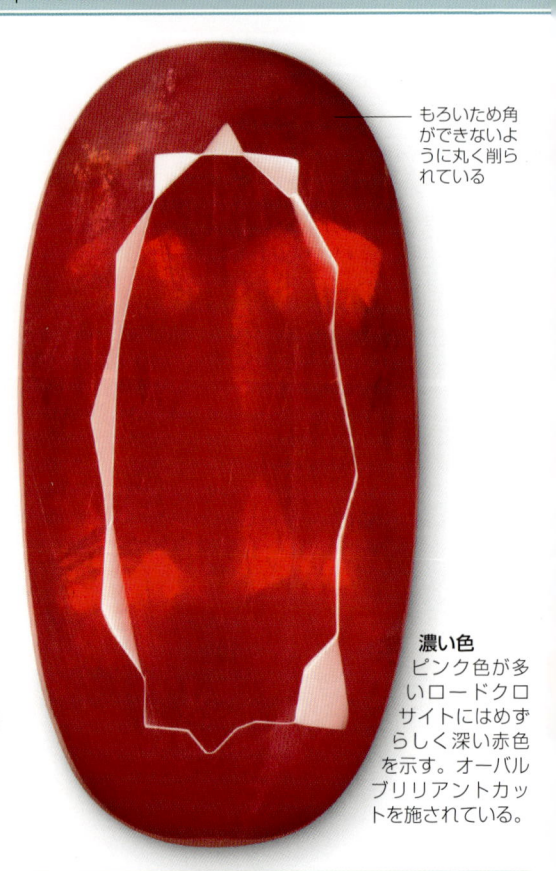

もろいため角ができないように丸く削られている

濃い色
ピンク色が多いロードクロサイトにはめずらしく深い赤色を示す。オーバルブリリアントカットを施されている。

$MnCO_3$

ロードクロサイト（菱マンガン鉱）

マンガンの炭酸塩鉱物である。名前は「バラの色」を意味するギリシア語 rhodokhros に由来する。多くがローズピンク色を示すことにちなむ。褐色や灰色も示す。犬牙状や菱面体状の結晶を生成するが、鍾乳石状、粒状、団塊状、ぶどう状、塊状でも産出する。軟らかく壊れやすいため収集家向けにだけファセットを刻まれる。細粒状の結晶が縞構造をつくる鍾乳石状の石はよく産出し装飾品やペンダントに利用される。ビーズやカボションに研磨されたり、彫刻素材とされたりもする。

ロードクロサイトは中温（200〜575℃）の熱水鉱脈で産出する。産地は南アフリカ、南アメリカなど。

アヒルの彫刻
体部はロードクロサイト、頭部は方解石。かわいらしいアヒルの彫刻。

Aragonite｜アラゴナイト 79

性質

- カメオ
- 片面研磨
- カボション
- ステップ
- 斜方晶系
- 3½〜4
- 2.9
- 1.53〜1.68
- ややガラス光沢から樹脂光沢

異なる色の層

ティアドロップカボション
涙の形にカボションカットされた縞状のアラゴナイト。

結晶

アラゴナイトの結晶の集合体

いろいろな形状

縞状のアラゴナイト
質のよい縞状のアラゴナイトの切片

$CaCO_3$

アラゴナイト（霰石）

方解石（p. 76）**と同じ炭酸塩鉱物**だが結晶系は異なり、生成する地質条件は方解石より狭い。短柱状、鍾乳石状、放射状、繊維状の結晶で産出する。海生軟体動物の貝殻や真珠など生物によってもつくられる。無色、白色、灰色、やや黄色、緑色、青色、やや赤色、菫色、褐色を示す。とても軟らかくもろいため、チェコ共和国で産出するファセット級の結晶は収集家向けにのみ、細心の注意を払ってファセットを刻まれる。温泉の周辺で産出する縞目の入った鍾乳石状や層状のアラゴナイトは研磨されて装飾石とされる。

　スペインのアラゴンで発見されたことからアラゴナイトと命名された。地表近くの低温（200℃以下）環境で生成する。鉱石鉱床の酸化帯、温泉周辺、鉱脈で産出する。洞窟の中で鍾乳石をつくることもある。

80 セルサイト | Cerussite

ブリリアントカットのセルサイト
かすかに黄色を示す、ファセットを刻まれたセルサイト。

ファセットの端が欠けている

深い条線

無色の結晶

宝石質のセルサイト

性質

- オーバルブリリアント
- ラウンドブリリアント
- ステップ
- 斜方晶系
- 3〜3½
- 6.5
- 1.8〜2.1
- 金剛光沢からガラス光沢

$PbCO_3$

セルサイト（白鉛鉱）

ダイアモンド（p. 50〜51）**とよく似た明るい金剛光沢**を放つ。この光沢はセルサイトの大きな特徴である。多くは無色、白色から灰色だが、不純物として銅を含むと青色から緑色も示す。結晶は軟らかくもろいうえに一定方向に割れやすいため、ファセットを刻んだり宝石として身につけたりするのには向かない。とはいうもののカットを施すと高い屈折率ゆえに強い輝きを放つ。このため宝石質の石は収集家向けに研磨されることもある。広い範囲に分布し、ナミビア、オーストラリア、ボリビア、スペイン、アメリカ・アリゾナ州やカリフォルニア州などでは宝石質の石が得られる。

セルサイトは鉛の炭酸塩鉱物である。古代より知られており、名前は「鉛白（白色顔料）」を意味するラテン語 cerussa に由来する。鉛鉱脈の酸化帯で、鉛を含む他の鉱物に炭酸水が作用して生成する。

Azurite | アズライト 81

性質

- カボション
- 片面研磨
- ステップ
- カメオ

- 単斜晶系
- 3½〜4
- 3.8
- 1.73〜1.84
- ガラス光沢から無艶、土光沢

アズライト
マラカイトの層

ガラス光沢
アズライトの結晶
針鉄鉱の母岩

母岩上のアズライト

縞状の
チェシーライト

ハート形のカボション
カボションカットを施されたアズライト。マラカイトの層が混じっている。アズライトとマラカイトはいっしょに産出することが多い。

いろいろな形状

混合石のカボション
青色のアズライトと緑色のマラカイトの混じったカボション

アズライトボール 小球状で産出したアズライト。宝石に使われる

ステップカット 半透明から透明に近いアズライトの宝石。暗い青色を示す

$Cu_3(CO_3)_2(OH)_2$

アズライト（藍銅鉱）

深い青色が特徴のアズライトの名前は「青い」を意味するペルシア語 lazhuward に由来する。古代エジプトではシナイ半島や東部砂漠で採掘され、青色の釉薬に利用されたようである。15〜17世紀のヨーロッパでは青色の顔料とされた。複雑な形の結晶が多い。塊状、鍾乳石状、ぶどう状でも産出する。小球状のコンクリーション（結晶の放射状集合体）は台座にあしらわれペンダントなどの装身具とされることもある。縞状のマラカイトの混じった塊をチェシーライトという。発見された土地フランスのチェシーにちなむ。チェシーライトはたいてい装飾品とされるが、カボションカットを施されたり、まれに収集家向けにファセットを刻まれたりもする。

銅鉱床の酸化帯で生成する二次鉱物である。おもな産地はフランス、メキシコ、オーストラリア、チリ、ロシア、モロッコ、ナミビア、アメリカなど。

マラカイト | Malachite

性質

- カボション
- 片面研磨
- ビーズ
- カメオ

- 単斜晶系
- 3½〜4
- 3.9〜4
- 不透明
- 金剛光沢から絹光沢

母岩上のぶどう状のマラカイト
ぶどう状晶癖 / 母岩

模様の入ったマラカイト 研磨された板石。マラカイトによく見られるはっきりした模様が現れている。
渦巻き模様 / 緑色から黒色の縞

いろいろな形状

縞状のマラカイト 同心円状の縞模様を示す研磨された石

アズライトを含むマラカイト 青色のアズライトの混じったマラカイト

$Cu_2(CO_3)(OH)_2$

マラカイト（孔雀石）

葉のような緑色を示す銅の炭酸塩鉱物。紀元前3000年頃のエジプトでは化粧品や顔料として使われた。古代ギリシアでは子どものお守り、時代の下ったイタリアでは「邪悪な目」に対する魔除けともされた。現代ではカボションや平板に研磨されたり彫刻を施されたりして装飾品や宝石として珍重される。

繊維状結晶が放射状に集まったぶどう状の塊で産出することが多い。19世紀のロシアでは盛んに採掘され、51トンの塊が得られたこともあった。ロシア・サンクトペテルブルクにある王宮冬宮の孔雀石の間にはマラカイトがふんだんに使われている。同じくサンクトペテルブルクの聖イサアク大聖堂の巨大な石柱もマラカイトでつくられている。

宝石箱 ロシア産のマラカイトの一枚岩からつくられた。ファベルジェ工房の作品。

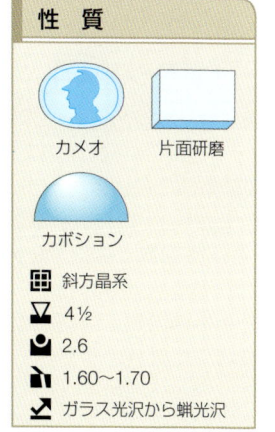

Variscite | バリスサイト

緑色のカボション
バリスサイトのカボション。良質とされる濃い緑色を示している。

高いドーム

内部の模様

切断されたバリスサイトのノジュール

性 質

カメオ　片面研磨

カボション

- 斜方晶系
- 4½
- 2.6
- 1.60～1.70
- ガラス光沢から蝋光沢

$AlPO_4 \cdot 2H_2O$

バリスサイト（バリッシャー石）

隠微晶質の塊が脈や皮殻、ノジュールを形成して産出することが多いアルミニウムの含水燐酸塩鉱物である。めったに結晶はつくらない。淡い緑色からエメラルドのような緑色、青緑色、無色を示す。深い色合いの石は価値が高いとされ、半貴石の宝石としてカボションカットを施されたり、彫刻素材や装飾品に使われたりする。アメリカ・ネバダ州で産出するバリスサイトには蜘蛛の巣のような黒色の模様があり、緑色のターコイズと間違われることがある。たいていはバリスサイトの方が濃い緑色を示す。ターコイズに似たバリスサイトはバリコイズの名でも売られている。バリスサイトは多孔質である。このため肌に直接つけると皮脂を吸収して色が薄くなる。

バリスサイトは発見されたドイツ・フォクトランドの旧名バリシアにちなんで命名された。アルミニウムに富む岩石にリン酸塩を含む水が作用して生成し、地表近くの空隙で得られる。産地はオーストリア、オーストラリア、チェコ共和国、ベネズエラ、アメリカ。

ブラジリアナイト | Brazilianite

性質

- ラウンドブリリアント
- オーバルブリリアント
- カボション
- ステップ
- 単斜晶系
- 5½
- 3.0
- 1.60〜1.62
- ガラス光沢

よく成長した結晶

ガラス光沢

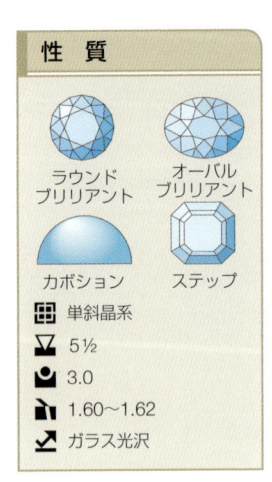

ブラジリアナイトの群晶

天然のインクルージョン

エメラルドカットのブラジリアナイト
ファセットを刻まれた宝石。ブラジリアナイトに典型的な緑色がかった黄色を示す。泡のようなインクルージョンがベール状に見える。

いろいろな形状

カイトカット
ブラジリアナイトにはめずらしく濃い黄色を示す

$NaAl_3(PO_4)_2(OH)_4$

ブラジリアナイト（ブラジル石）

ブラジリアナイトの名前は発見地ブラジルにちなむ。ブラジルでは長さ 15 cm もの宝石質の結晶が産出している。結晶はほとんどが淡黄色から黄緑色を示す。程よい硬さがあるもののもろく壊れやすいうえに産出量が少ないため宝石としての人気は高くない。もっぱらファセットカットを施され収集家向けの石として提供される。壊れやすいため研磨の際には細心の注意が払われる。球状、放射状、繊維状の集合体でも産出する。

燐酸塩鉱物を豊富に含む花崗岩ペグマタイトで生成する、ナトリウムとアルミニウムを含む燐酸水酸化鉱物である。宝石質の石はアメリカ・ニューハンプシャー州やメイン州でも産出する。独立の鉱物ブラジリアナイトとして認められる前からニューハンプシャー州の鉱床ではこの鉱物の宝石質の石が産出していた。

Amblygonite | アンブリゴナイト

透明な塊

わらのような黄色

**ファセット向きの
アンブリゴナイト**

ほぼ無色のアンブリゴナイト

オーバルブリリアントカット
透明なアンブリゴナイトにはさまざまな種類のブリリアントカットが施され、色のないことが強調される。

性質

ラウンドブリリアント　オーバルブリリアント

ミックスド

- 三斜晶系
- 5½〜6
- 3.0
- 1.57〜1.60
- ガラス光沢から脂肪光沢または真珠光沢

(Li,Na)AlPO$_4$(F,OH)

アンブリゴナイト（アンブリゴ石）

白色で半透明の大きな塊で産出することが多いリチウムを含む燐酸塩鉱物である。どちらかというともろく軟らかいため破損や磨耗しやすいが、透明な石はファセットを刻まれ宝飾品とされる。宝石には黄色、緑黄色、ライラック紫色が好まれる。

　アンブリゴナイトの名前は結晶の形にちなんで「先の丸い」と「角度」を意味するギリシア語 amblus と gōnia からつけられた。リチウムを含む他の鉱物といっしょにペグマタイト鉱脈で産出する。宝石質の石はおもにブラジルと、大きな結晶が産出するアメリカ・サウスダコタ州やメイン州で得られる。オーストラリア、フランス、ドイツ、スペイン、ノルウェーでも宝石質の石が産出する。淡い藤色の石はナミビアで産出する。史上最大の単結晶は約 15m^3、重さにすると 102 トン。

性質

- カボション
- カメオ
- 片面研磨
- ビーズ

- 三斜晶系
- 5〜6
- 2.6〜2.8
- 1.61〜1.65
- 蝋光沢から無艶

古代ペルシアのトルコ石
彫った溝に金を埋めた古代ペルシア（現在のイラン）の装飾品。優れた宝石職人のなせる技である。

金の象眼

丸みを帯びた塊

硬い緑色のトルコ石

$CuAl_6(PO_4)_4(OH)_8 \cdot 4H_2O$

トルコ石（ターコイズ）

さほど硬くなく簡単な道具で細工しやすい。宝石として採掘された最古の鉱物のひとつである。メソポタミア（現在のイラク）では紀元前5000年頃のビーズが発掘されている。ヨーロッパへはトルコを経て持ちこまれたことからフランス語で「トルコ」を意味するターコイズと命名されたようである。

多くは塊状や微晶質の皮殻状、ノジュール状、あるいは割れ目を埋める形状で産出する。空色（銅に起因）から緑色を示すが緑色がかった石が多い。軟らかく多孔質のため肌に触れると皮脂や化粧品を吸収して退色することがある。王座、剣の柄、馬具から食器までさまざまなものの装飾に用いられてきた。宝飾品にも広く使われている。

イランのニシャプールで産出するトルコ石がたいてい最高品質とされる。ペルシアンターコイズとも呼ばれ、北アメリカで産出するトルコ石と比べると硬く、均一な色を示す。北アメリカ産のトルコ石は空色のみで、緑色は帯びていない。現在流通するトルコ石の大半は銅鉱山の集中するアメリカ南西部で採掘されたものである。

トルコ石の王冠
フランスのマリー・ルイーズ皇后の王冠。当初はエメラルドだったがトルコ石に替えられた。

Turquoise ｜ トルコ石　87

人工処理されたトルコ石

北アメリカで流通しているトルコ石の大半にはスタビライズド処理が施されている。軟らかく、粉っぽい感触のトルコ石を安定化させるためにエポキシ樹脂を含浸させる工程をスタビライズド処理という。スタビライズド処理されたトルコ石は硬くなり、色に深みがでる。買い手がこのような人工処理を見抜くことはほぼ不可能である。

スタビライズドターコイズのネックレス　スタビライズドターコイズと銀のビーズをつないだネックレス。

トルコ石の指輪　オーバルカボションカットのトルコ石があしらわれた銀の指輪。石には「蜘蛛の巣」模様がある。

酸化鉄がつくる蜘蛛の巣模様

薄い層

酸化鉄の母岩

鉄の酸化鉱物

層状のトルコ石　母岩に埋もれた層状のトルコ石。

蜘蛛の巣模様の原石　酸化鉄を母岩とするトルコ石。切断すると断面に「蜘蛛の巣」模様が現れる。

タンブリング研磨されたトルコ石　内部に広がる酸化鉄がつくる「蜘蛛の巣」模様。

真珠

ジェット

ネイティブアメリカンのブローチ　ハヤブサをかたどった銀のブローチ。トルコ石、ジェット、貝殻、真珠がはめこまれている。

細かな細工

象の彫刻　木製の台座に置かれたトルコ石の象の彫刻。中国でつくられた。

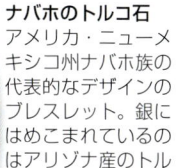

ナバホのトルコ石　アメリカ・ニューメキシコ州ナバホ族の代表的なデザインのブレスレット。銀にはめこまれているのはアリゾナ産のトルコ石。

アリゾナ産のトルコ石

北アメリカ産のトルコ石

トルコ石のブローチ　オーバルカボションのトルコ石とドロップ形の淡水真珠があしらわれた15金のブローチ。

アパタイト | Apatite

性質

- ラウンドブリリアント
- オーバルブリリアント
- カボション
- ステップ

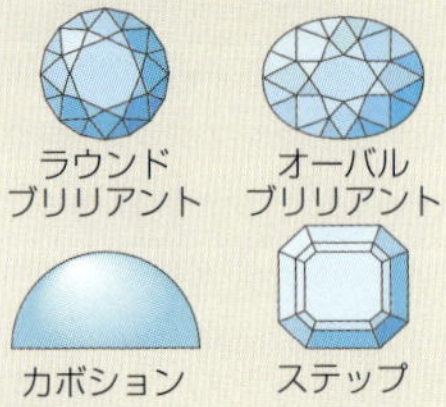

- 六方晶系または単斜晶系
- 5
- 3.1〜3.2
- 1.63〜1.64
- ガラス光沢、蝋光沢

六角柱　錐状の先端

メキシコ産の黄色のアパタイトの原石

もろい石のため角は丸く削られている

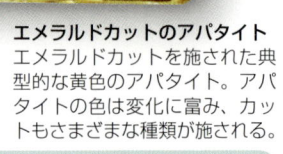

エメラルドカットのアパタイト
エメラルドカットを施された典型的な黄色のアパタイト。アパタイトの色は変化に富み、カットもさまざまな種類が施される。

いろいろな形状

アパタイトの「目」 青色がかったカボション。かすかにキャッツアイが現れている

クッションカット
クッションカットを施された青緑色のアパタイト

ブリリアントカット
オーバルブリリアントカットを施された青緑色のアパタイト

$Ca_5(PO_4)_3(F,OH,Cl)$

アパタイト（燐灰石）

アパタイトとは、共通の構造をもつカルシウムの燐酸塩鉱物の総称である。ガラス光沢のある結晶、塊状やノジュール状で産出する。結晶は形よく成長し透明で、緑、青、菫青、紫、ローズレッド、肉紅、黄、白、無色を示す。ファセットを刻むと色が鮮やかになることもある。軟らかいためおもに収集家向けに研磨される。最近はファセットを刻んだアパタイト（30カラットほど）をあしらった宝飾品も流通している。繊維状のアパタイトにカボションカットを施すとキャッツアイが現れる。

アクアマリンやアメシストの結晶に似るため「裏切り」を意味するギリシア語 apate から名前をつけられた。さまざまな火成岩中で産出し宝石質の石はおもにペグマタイトから得られる。マダガスカル、メキシコ、ブラジル、パキスタン、ナミビア、ロシア、アメリカには重要な鉱床がある。

Lazulite | ラズーライト

ガラス光沢

斑状の外観

ラズーライトのカボション
ドームの低いカボションカットを施されたラズーライト。ラズーライトに典型的な斑模様が現れている。

両錐状の晶癖

ラズーライトの単結晶

性質

- カボション
- 片面研磨
- ビーズ
- カメオ
- 単斜晶系
- 5〜6
- 3.1
- 1.61〜1.64
- ガラス光沢

$(Mg,Fe)Al_2(PO_4)_2(OH)_2$

ラズーライト（天藍石）

ラズーライトの名前は「青い石」を意味する古いドイツ語 lazurstein に由来する。アズールブルー（紺碧色）、空色、青色がかった白色から青緑色を示す。塊状や粒状で産出する。結晶は錐状を示す。粒状のラズーライトはカボションカットを施されたり、ビーズや飾り石に加工されたりする。彫刻やタンブリング研磨が施されることもある。ファセットはめったに刻まれない。見る角度によって青色または白色を示す多色性の強い標本もある。ラズーライトの宝石は軟らかいため磨耗しやすい。

アルミニウムに富む変成岩、石英脈、花崗岩ペグマタイトで産出する。おもな産地はブラジル、スイス、オーストリア、アメリカ・カリフォルニア州、カナダ・ユーコン準州。ラズーライトはマグネシウムとアルミニウムを含む燐酸塩鉱物である。よく似た名前のラズライト（青金石、p.130）は珪酸塩鉱物であり、ラピスラズリの主成分である。ラズーライトの外観はラピスラズリ、ラズライト、アズライトと似るため間違われやすい。

ハウライト | Howlite

ハウライトの彫刻
ハウライトでつくられたかわいらしいカエルの彫刻。ハウライトによく見られる脈が走っている。

オニキスの目

他の鉱物のつくる脈

カリフラワーのような外観

ハウライトのノジュール

性質

- ビーズ
- 片面研磨
- カボション
- カメオ
- 単斜晶系
- 3½
- 2.6
- 1.58〜1.59
- 亜ガラス光沢

$Ca_2B_5SiO_9(OH)_5$

ハウライト（ハウ石）

名前は発見者であるカナダのヘンリー・ハウ（鉱物学者・化学者）に由来する。カルシウムとホウ素を含む硼酸塩鉱物。多くはノジュール状で産出し、カリフラワーのような外観になることもある。ノジュールは白色を示し、他の鉱物のつくる黒色や灰色の脈が蜘蛛の巣状に走る。多孔質のため色をつけやすい。濃い色の脈の入ったハウライトを染色すると蜘蛛の巣模様のあるトルコ石に似る。染色した石がターコナイトの名で売られているがトルコ石よりも軟らかく、色に深みがないため区別できる。市場に流通するハウライトの中にはホワイトバッファロートーコイズ、ホワイトターコイズといった紛らわしい名前のついたものもある。ハウライトは磨くと艶が出る。彫刻、ビーズ、宝飾品、装飾品に使われる。

　ホウ素を含む他の鉱物といっしょに蒸発鉱床で産出する。アメリカ・カリフォルニア州には大規模な鉱床がある。トルコ、カナダ、メキシコ、ロシア、チェコ共和国でも産出する。

Baryte | バライト   91

ファセットを刻まれたバライト
エメラルドカットを施された蜂蜜色のバライト。蜂蜜色と青色のバライトは収集家向けにファセットを刻まれる。

深い黄金色

欠けないように厚くしたガードル部

性質

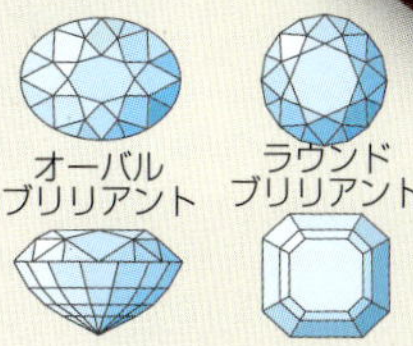

- オーバルブリリアント
- ラウンドブリリアント
- ミックスド
- ステップ
- 斜方晶系
- 3〜3½
- 4.5
- 1.63〜1.65
- ガラス光沢、樹脂光沢、真珠光沢

色帯

ファセット向きのバライトの結晶

いろいろな形状

研磨したバライト
鍾乳石状のバライトの切断面

$BaSO_4$

バライト（重晶石）

バリウムの硫酸塩鉱物。 バリウム鉱物の中で最もよく産出する。一般に結晶は大きく成長する。純粋なバライトは無色だが、黄色、青色、褐色を帯びた結晶が多い。アメリカ・コロラド州やサウスダコタ州でわずかに産出する黄金色のバライトは珍重される。透明で青色の石はアクアマリン（p. 164）に似るが、結晶の形が異なり、バライトの方が軟らかく重いため区別できる。バライトはとても軟らかく完全な劈開をもつため収集家向けにだけ慎重にファセットを刻まれる。鍾乳石状のバライトの切片を研磨して銀のフレームと組み合わせペンダントにすることもある。

バライトの名前は「重い」を意味するギリシア語 barys に由来する。大きな比重を示すことにちなむ。同じ理由からヘビースパーとも呼ばれる。重要な鉱石鉱物であるバライトはイギリス、イタリア、チェコ共和国、ドイツ、ルーマニア、アメリカなど世界各地で産出する。多くは鉛・亜鉛鉱脈で副成分鉱物として得られる。

セレスチン | Celestine

空色のセレスチン
モディファイドブリリアントカットのセレスチン。薄い空色や青色の石にはファセットが施される。

複雑なブリリアントカット

粒状の晶癖

大きな卓上結晶

濃い青色のセレスチンの原石

薄い空色のセレスチン

性質

オーバルブリリアント
ラウンドブリリアント
ミックスド
ステップ

- 斜方晶系
- 3〜3½
- 4
- 1.62〜1.63
- ガラス光沢、劈開面では真珠光沢

$SrSO_4$

セレスチン（天青石）

薄青色が多いが、青色から濃青色、白色、無色、薄赤色、緑色、褐色でも産出する。薄青色から青色の、透明で形のよい結晶がよく得られ、75cmを超えるものもある。塊状、繊維状、粒状、ノジュール状でも産出する。軟らかく劈開がはっきりしているため収集家や博物館向けにだけ慎重にファセットが刻まれる。単結晶をあしらったペンダントが売られたりもするが、もろすぎて日常使いには向かない。ナミビア、マダガスカル、イギリス、イタリア、アメリカ、カナダではファセットに適した石が産出する。

　セレスチンの名前は空の色にちなんで「天の」という意味のラテン語 coelestis からつけられた。セレスチンはストロンチウムを含む硫酸塩鉱物である。石灰岩、苦灰岩、砂岩など堆積岩の空洞で生成する。

Alabaster｜アラバスター

アラバスターの胸像
アラバスターを彫り刻んでつくられた若い女性の胸像。イタリアの芸術家チプリアーニの作品。良質のアラバスターならではの細かな細工が施されている。

色の薄いアラバスターからなる頭部

風化した表面

彫刻に適したアラバスターの原石

性質

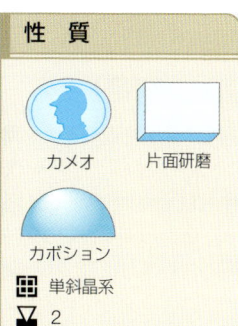

- カメオ
- 片面研磨
- カボション
- 単斜晶系
- 2
- 2.3
- 1.52〜1.53
- 亜ガラス光沢から真珠光沢

$CaSO_4 \cdot 2H_2O$

アラバスター（雪花石膏）

ジプサム（カルシウムの含水硫酸塩鉱物）の中でとくに細粒状の塊で産出するものをアラバスターという。かつては細粒状の塊の方解石（p. 76）をアラバスターと呼んでいた。古代の「アラバスター」彫刻の素材はほとんどが方解石である。酸を1滴落とせば「アラバスター」の正体を確かめることができる。発泡すれば方解石、無反応ならばジプサムである。アラバスターという名前は中世の英語に由来し、さらにその語源は「アラバスター製の壺」を alabastos と呼んでいたギリシア語にある。あるいは別の説によれば、そもそもはふたの部分が女神バステトを模していた、古代エジプトのアラバスター製の容器ア・ラバステが語源とされる。

　旋盤の上で回転させるのにちょうどよい大きさで産出し、数千年にわたって装飾品や容器に加工されてきた。イギリス、イタリア、アメリカで産出する。アラバスターの彫刻に熱を加えると不透明さが増して大理石のようにも見える。加熱処理を施した石をマルモ・ディ・カステッリーナ（カステッリーナの大理石）という。

94　セレナイト | Selenite

サテンスパーのカボション
繊維の方向に沿って研磨されたサテンスパーのカボション。キャッツアイが現れている。

繊維状構造

キャッツアイ

絹状の輝き

**繊維状の
サテンスパーの原石**

性質

カメオ
片面研磨
カボション
単斜晶系
2
2.3
1.52〜1.53
亜ガラス光沢から真珠光沢

$CaSO_4 \cdot 2H_2O$

セレナイト（ジプサム、石膏）

透明で結晶構造のジプサムをセレナイトという。月の光のような輝きを見せることにちなんで「月」を意味するギリシア語 selene から命名された。あるいは、古い時代にはセレナイトの結晶は月の満ち欠けといっしょに形を変えると信じられていたことと関係するという説もある。メキシコ・ナイカのクリスタルの洞窟では長さ11mを超える剣状の結晶が産出する。この洞窟はおそらく地球上で最も見応えのある鉱床である。繊維状のセレナイトをサテンスパーという。絹光沢を示し、カボションカットを施すとキャッツアイが現れることもある。サテンスパーは軟らかすぎるため日常使いには適さず、おもに収集家向けとされる。

　カルシウムの硫酸塩鉱物であるジプサムは無色あるいは白色を示すが、不純物を含むと薄い褐色、灰色、黄色、緑色、橙色を帯びる。ジプサムは海水の蒸発によって生成した広大な鉱床で産出する。鉱石鉱床で硫化鉱物の変成生成物としても産出する。

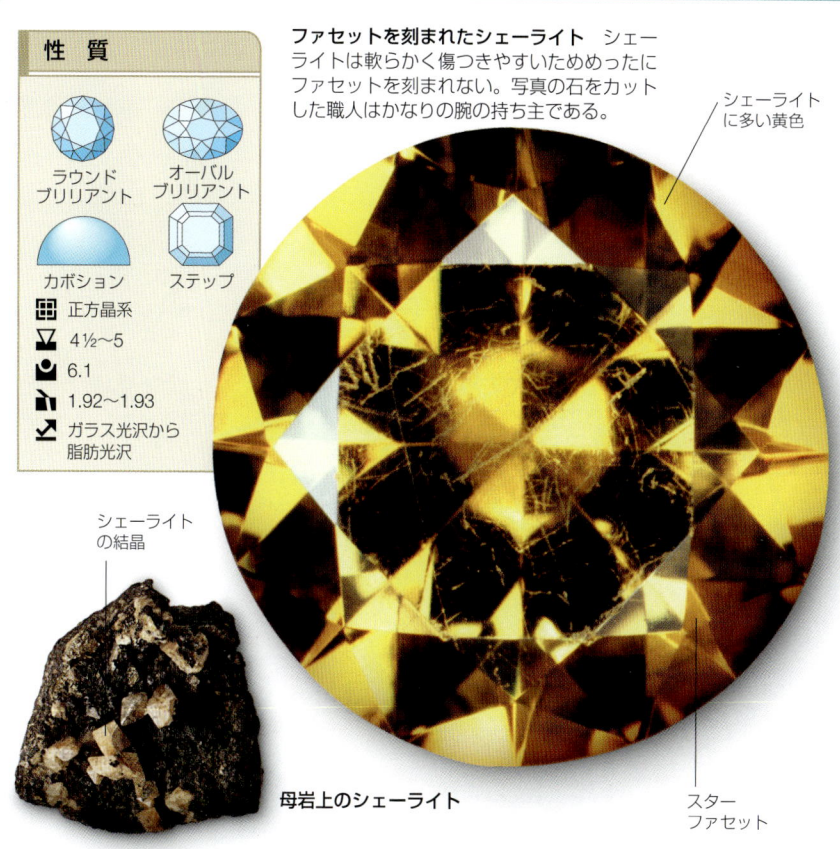

Scheelite｜シェーライト 95

性質

- ラウンドブリリアント
- オーバルブリリアント
- カボション
- ステップ

- 正方晶系
- 4½〜5
- 6.1
- 1.92〜1.93
- ガラス光沢から脂肪光沢

ファセットを刻まれたシェーライト シェーライトは軟らかく傷つきやすいためめったにファセットを刻まれない。写真の石をカットした職人はかなりの腕の持ち主である。

シェーライトに多い黄色

シェーライトの結晶

母岩上のシェーライト

スターファセット

いろいろな形状

無色のシェーライト
ファセットを刻まれた無色のシェーライト

$CaWO_4$

シェーライト（灰重石）

カルシウムのタングステン酸塩鉱物。淡い黄白色から褐色あるいは明るい橙色を示す。スウェーデンの化学者 C. W. シェーレにちなんで 1821 年に命名された。純粋なシェーライトに短波長の紫外線を照射すると鮮やかな青白色の蛍光を発する。結晶は大きくなるほど透明度が下がり、ファセットカットには適さなくなる。小さくて透明な結晶にはファセットを刻むこともあるが、軟らかすぎて磨耗するためもっぱら収集家向けにカットを施される。カット石は光の分散が強い。無色の合成品はダイアモンドの模造品、微量の元素を加えて着色した合成品は他の宝石の模造品とされる。

　おもに高温（575℃以上）の熱水鉱脈や接触変成岩中で産出する。花崗岩ペグマタイトで産出することもある。宝石質のシェーライトの産地はブラジル、オーストラリア、スイス、フランス、スリランカ、アメリカ・アリゾナ州。

水晶 | Rock Crystal

性質

- オーバルブリリアント
- ラウンドブリリアント
- 片面研磨
- カメオ
- 六方晶系または三方晶系
- 7
- 2.7
- 1.54〜1.55
- ガラス光沢

ブリリアントカットの水晶
オーバルブリリアントカットを施された透明な水晶。

スターファセット

柱状結晶

透明度の高い水晶

SiO_2

水晶（ロッククリスタル）

無色で透明の石英（クォーツ）。英語名 Rock Crystal は「水のように透明な結晶」を意味するギリシア語 krystalos に由来する。古代ローマの人々は、水晶を凍りすぎて溶けなくなった硬い氷と考えていた。ロッククリスタルという名前が登場したのは中世後半、当時つくられるようになったばかりの透明なクリスタルガラス（クリスタルとも呼ばれた）と区別するためであった。

石英はシリカに富むほとんどすべての変成岩、堆積岩、火成岩中に産出する。重さ数トンの水晶も得られる。ブラジル、マダガスカル、アメリカには大規模鉱床がある。

オーストラリアのアボリジニや北アメリカのプレーリーインディアンは水晶で身を守ったり、未来を予言したりしていた。ダイアモンドの代用品とされるラインストーンはそもそもはライン川で採取した水晶を指していた。水晶は優れた光学特性をもつためレンズや光学プリズムから安価な宝石まで幅広く利用される。天然水晶は現在でも宝石としてペンダントなどにあしらわれるが、色つき石英の方が人気が高い。広い範囲で採掘され、水晶玉、彫刻、宝石細工に利用される。アクアクォーツは天然水晶の表面を他の物質で覆った人工水晶である。合成石英は電子機器に利用されるが、高価なため宝石には使われない。

Rock Crystal｜水晶

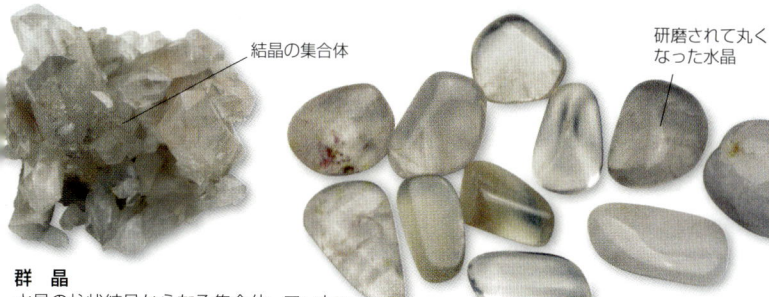

群晶
水晶の柱状結晶からなる集合体。ファセットカットに適した透明な結晶もある。

結晶の集合体

研磨されて丸くなった水晶

タンブリング研磨された石
タンブリング研磨をしただけでも水晶は人目を引く。なおかつ安価である。

クッションカットの水晶
クッションブリリアントカットを施された水晶。

ファセットを刻まれた水晶は鋼のようにも見える

年代物の銀

水晶のビーズ
銀の台座にあしらわれた大きな水晶のビーズのペンダント。

ファセットを刻まれた卵
ブラジル産水晶でつくられた7478カラットの卵。240個のファセットが刻まれている。

厚みのある台座に納められた石

水晶の結晶

傷の少ない結晶

アールデコ時代のブレスレット 大きな水晶をあしらったスターリング銀（銀合金）のブレスレット。ファセットを刻まれた水晶をはさむ板状の石はブラックオニキス。

水晶どくろ

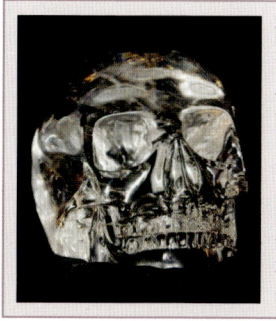

20世紀後半、水晶からつくられた人間の頭蓋骨模型数点（左写真もそのひとつ）が古代の遺物と認定され、そのうちのいくつかは現在のメキシコにあった古代文明のものとされた。しかしあらためて詳しく調べたところ、偽物を扱うことで有名な19世紀のフランスの古物商ウジェーヌ・ボバンがつくったものであることが判明した。

彫像
水晶を粗く削ってつくられた中国の僧の彫像。

スモーキークォーツ | Smoky Quartz

性質

- ラウンドブリリアント
- オーバルブリリアント
- ビーズ
- ステップ
- カボション

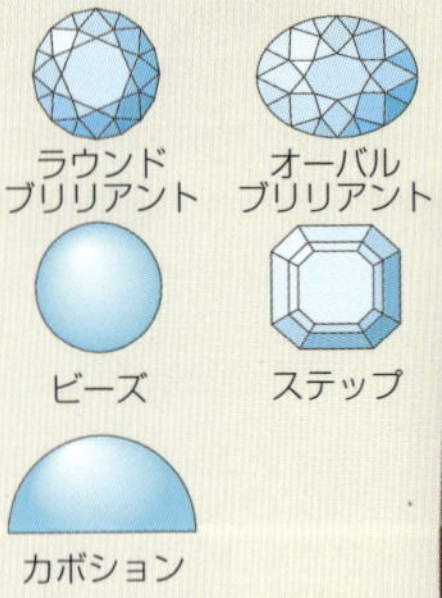

- 六方晶系または三方晶系
- 7
- 2.7
- 1.54〜1.55
- ガラス光沢

褐色を帯びた黒色

オーバルクッションカット
オーバルクッションブリリアントカットによって黒色と褐色の組合せが映えるスモーキークォーツ。

スモーキークォーツの両錐状結晶

母岩上のスモーキークォーツ

いろいろな形状

カメオ ファセットを刻まれたスモーキークォーツの上の水晶には戦士の姿が彫られている

ファセットを刻まれたビーズ 円の形に刻まれた石

ペンデロクカット 薄く色のついたスモーキークォーツ

SiO_2

スモーキークォーツ（煙水晶）

薄褐色から黒色に近い結晶質の石英。薄褐色のスモーキークォーツにファセットを刻んだ石がスモーキートパーズの名で売られることもある。黒色の石には放射線照射された水晶も多い。色の濃い天然の石を加熱すると魅力的な薄い色になる。加熱により黄色を示す石が高価なシトリンとして売られたりもする。

ドイツ、スペイン、オランダ、ポーランドでは濃褐色から黒色のスモーキークォーツをモリオンと呼ぶ。古代ローマの博物学者大プリニウスがモーモリオンと名づけたことに由来する。褐色から黄褐色の石はカーンゴームと呼ばれる。産地であるスコットランドのケアンゴーム山地にちなむ。豊富に産出するためアメシストや天然のシトリンほどは珍重されない。花崗岩など放射性物質を含む岩石を貫くペグマタイトから産出する。ブラジル、スイスアルプス、アメリカ・コロラド州では良質の結晶が得られる。

Milky Quartz | ミルキークォーツ

オーバルブリリアントカット
たいていのミルキークォーツは不透明に近い。時おり産出する半透明の石にファセットを刻むととても上質のカット石となる。

- くもった外観
- ガラス光沢
- 両錐状の結晶
- 複雑なオーバルブリリアントカット

ミルキークォーツの結晶

性質

- カボション
- カメオ
- ステップ
- 六方晶系または三方晶系
- 7
- 2.7
- 1.54～1.55
- ガラス光沢

SiO_2

ミルキークォーツ

石英の中で最もよく産出する変種。半透明からほぼ不透明、白色から灰白色、クリーム色を示す。一つの結晶の中に乳白色の部分と透明な部分が混在することもある。乳白色の正体は結晶内部に含まれる小さな気泡である。半透明の結晶にはファセットカット、半透明から不透明の結晶にはカボションカットが施される。いずれのカットも乳白色の柔らかな輝きを与え、とくにカボションカットの石はオパールと間違われることもある。

　ネイティブアメリカンはミルキークォーツの中に「女性」を見てとり、この考えは現在でも石に癒しの力を求める人の間で受け継がれている。結晶は色と透明度以外はすべて水晶（p. 96～97）と同じ性質を示し、産出する鉱床も同じである。ブラジル、アメリカ・アーカンソー州などの大規模な石英鉱山からは大量のミルキークォーツが採掘される。数百 kg の結晶が得られることもある。

ローズクォーツ | Rose Quartz

性質

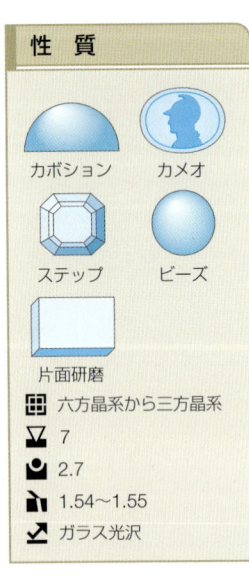

- カボション
- カメオ
- ステップ
- ビーズ
- 片面研磨
- 六方晶系から三方晶系
- 7
- 2.7
- 1.54〜1.55
- ガラス光沢

滴形のローズクォーツ ファセットが横一列にきれいに並んでいる。カット技能の高さが伺える。

高い透明度

宝石質

めずらしいローズクォーツの結晶

いろいろな形状

ブリリアントカット 平均以上の透明度を示すローズクォーツ

SiO_2

ローズクォーツ（紅水晶）

半透明または透明でピンク色からローズレッド色を示す結晶質の石英。結晶ではめったに産出せず、多くは塊状で得られる。ほぼ透明な石にはファセットが刻まれる。彫刻やカボションカットが施されることもある。マダガスカルなどで産出する、微小な繊維状鉱物をインクルージョンとして含む石に適切な向きでカボションカットを施すと、スターサファイア（p. 59, p. 62〜63）に似たスターが現れる。

　古くからローズクォーツには彫刻が施されてきた。現代のクリスタルヒーリングの分野では心を癒す力を備え、無条件の愛を意味する石と考えられている。おもにペグマタイトで、時に大きな塊状で産出する。産地はスウェーデン、ブラジル、マダガスカル、ナミビア、スコットランド、ロシア、スペイン、アメリカ。

ローズクォーツのビーズ 色のそろったビーズをつないだネックレス。ビーズにはすべての方向にファセットがうまく刻まれている。

Citrine | シトリン

性質

- ラウンドブリリアント
- オーバルブリリアント
- ビーズ
- ステップ
- カボション

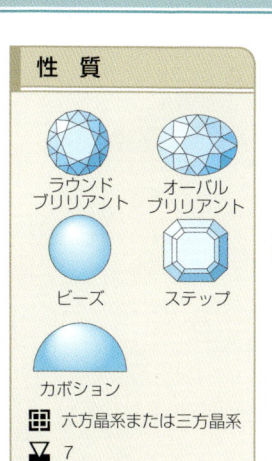

- 六方晶系または三方晶系
- 7
- 2.7
- 1.54〜1.55
- ガラス光沢

薄い黄色のシトリン
オーバルミックスドカットを施されたシトリン。シトリンは薄い黄色から濃い蜂蜜色を示す。

微量の鉄に起因する黄色

薄く橙色を帯びている

錐面

柱面

宝石質のシトリン

いろいろな形状

ミックスドカット
濃い蜂蜜色を示す

ペンデロクカット
濃くもなく薄くもない中間の黄色を示す

SiO_2

シトリン（黄水晶）

黄色のトパーズ（p. 198〜199）**に似た外観**を示す結晶質の石英。結晶は六方晶系、淡い黄色から黄褐色を示す。ファセットを刻んだシトリンにトパーズともとれるような名前がつけられ高価格で売られていることもある。だがシトリンと比べるとトパーズはとても硬いため区別できる。

シトリンの名前は「黄色」を意味するラテン語のcitrina に由来する。おもにペグマタイト脈で産出する。ペグマタイトの風化生成物としても得られる。宝石質の石の産地はロシア、インド、フランス、ブラジル、スコットランドのアラン島。天然石の産出量はアメシストやスモーキークォーツと比べるとかなり少ない。アメシストもスモーキークォーツも熱を加えるとシトリンとよく似た黄色に変わる。シトリンの名前で市場に出回る石の多くは加熱処理したアメシストや量は少ないがスモーキークォーツである。アメシストの中にシトリンの色帯がある石をアメトリンという。

性質

- カボション
- カメオ
- ラウンドブリリアント
- オーバルブリリアント
- 片面研磨
- ステップ
- 六方晶系または三方晶系
- 7
- 2.7
- 1.54〜1.55
- ガラス光沢

オーバルミックスドカットのアメシスト
上半分には三角形、下半分には長方形のファセットが刻まれた石。

同一結晶内の異なる色

母岩と切り離されて壊れた接合部分

ブラジル産のアメシスト

SiO_2

アメシスト（紫水晶）

紫、菫、赤紫色を示し、ガラス光沢をもつ石英の変種。名前は「酔っていない」を意味するギリシア語amethustosに由来する。酒酔いを防ぐ力が宿っていると考えられていたことにちなむ。古くから宝石とされ、古代メソポタミアとエジプトでは装身具や、彫刻を施し宝飾品として珍重された。古代エジプトではおもにヌビア（現在のスーダン）で採掘した石が使われた。初期の頃のキリスト教教会では儀式の際に司教（ビショップ）はアメシストの指輪をはめた。今日でも最高級のアメシストをビショップグレードと呼ぶ。

最も価値の高いとされる色は深く濃い紫色、微量の鉄と自然放射線によって赤色を帯びた深い紫色である。はっきりと色帯の見えるものもある。現代ではファセットカットやカボションカットを施したり、彫刻したりする。薄い結晶には銀のキャップをつけてペンダントにすることもある。結晶の集合体や晶洞は飾り石として人気が高い。

花崗岩が露出する場所で産出するため多くの国で採掘される。ブラジルやウルグアイでは錐状、メキシコでは細長い柱状で産出する。市場に流通するのはおもにウルグアイ、ブラジル、シベリア、北アメリカ産。ブラジルとウルグアイ産は加熱処理され黄褐色のシトリンに変えられることもある。

Amethyst｜アメシスト　103

神話の中のアメシスト

ギリシア神話ではワインと豊穣の神ディオニソスがアメシストをつくったことになっている。ディオニソスがアメシストという名の若い女性を殺しかけたとき、女神ダイアナが彼女を救おうと白い水晶に変えた。ディオニソスはたいそう後悔して涙を流し、手にしていた杯から白い水晶の上にワインをたらした。すると石は紫色に変わった。

ディオニソス
ギリシア神話のできた時代につくられた壺。中央の人物がディオニソス。

あざみの形の金

銀のブローチ
中央に四角いアメシスト、両脇にもアメシストを配した銀のブローチ。

エドワード朝時代のブローチ オールドヨーロピアンカットのダイアモンドに縁取られた96カラットのみごとなアメシストのブローチ。

アメシストを縁取るダイアモンド

母岩はメノウ

アメシストの晶洞
ブラジル産のアメシスト。晶洞の破断面には錐状の結晶が集合している。

場所によって色に濃淡がある

色帯
研磨されたアメシストの切片。色の選択吸収が現れている。

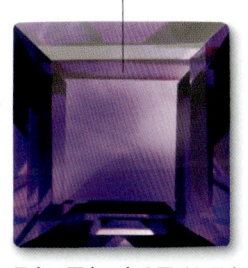

色むらがない

色帯

柱状結晶
採掘された状態のアメシストの結晶。形のよい結晶はそのままペンダントにされることが多い。アメリカ・コロラド州で産出。

角を丸く研磨されたファセット

スクエアカットのアメシスト
とても質の高いスクエアステップカットのアメシスト。

めずらしいカット
めずらしいヘキサゴナルミックスドカットを施されたアメシスト。

アベンチュリン | Aventurine Quartz

性質

- カボション
- 片面研磨
- カメオ

- 六方晶系または三方晶系
- 7
- 2.7
- 1.54〜1.55
- ガラス光沢

オーバルカボション
幅広のオーバルカボションカットを施されたアベンチュリン。内部の輝きが強調されている。

橙褐色のカボション

粒状の組織
塊状で産出

宝石質の緑色のアベンチュリン

明るいきらめき

いろいろな形状

レクタンギュラーカボション 平らなカボションを施された、典型的な緑色を示す石

SiO_2

アベンチュリン

半透明で独特の輝きを放つ石英の一種。この輝きは、インクルージョンとして微量に含む他の鉱物が内部で反射する光によって生じる。色もインクルージョンの種類によって異なる。パイライト（p. 55）ならば褐色、ヘマタイト（p. 57）ならば赤褐色、クロム雲母ならば緑色、他にもインクルージョンによって橙色、黄色、青白色、青緑色と変化する。塊状で産出し、彫刻やカボションカットを施されたり、薄く切って研磨されたりする。

　銅のかけらが均一に分散したゴールドストーンというガラスがある。偶然できたガラスだったことからアベンチュリンガラスとも呼ばれていた。アベンチュリンの語源は「偶然に」を意味するイタリア語 a ventura に由来する。鉱物のアベンチュリンはこのガラスとよく似た外観を示すことから命名された。ゴールドストーンは銅片が不自然に均等に散らばり、硬くないためアベンチュリンと区別できる。アベンチュリンフェルドスパーという名の長石もある。この石は着色した薄片状のインクルージョンをもち、とくに金色を示す場合はサンストーンと呼ばれる。

Cat's eye Quartz | キャッツアイクォーツ

性質

カボション
- 六方晶系または三方晶系
- 7
- 2.7
- 1.54～1.55
- ガラス光沢

石英の「目」
高いドームのカボションカットを施され、はっきりした「目」の現れた石英。一般に石英のキャッツアイは他の鉱物ほど鋭くない。

縦方向に現れた1本の白い線（キャッツアイ）

高いドームのカボション

繊維状組織

キャッツアイクォーツの繊維状の原石

いろいろな形状

黄灰色のカボション
カボションカットを施された半透明な石

繊維状のカボション
カボションカットを施された繊維状組織の石

SiO_2

キャッツアイクォーツ（猫目石）

石英の変種。 同じくキャッツアイを示すクリソベリルと区別するためオクシデンタル（西洋の）キャッツアイとも呼ばれる。クリソベリルの方が価値が高いとされる。クリソベリルと比べると比重が小さい。

カボションカットを施すと、石の中に1本の白い線がきらめく。このキャッツアイ効果（シャトヤンシー）はアスベストの一種である繊維状のクロシドライト（青色アスベスト）が平行に並ぶことによって生じる。クロシドライトはキャッツアイクォーツを緑色から灰緑色に着色もする。赤色から金色の着色は繊維状のルチル（p. 71）が少量存在することによる。南アフリカで産出するキャッツアイを示す金褐色の変種をタイガーアイ（p. 106）、青色の変種をホークスアイ（p. 107）という。おもな産地は宝石礫ならばスリランカ、インド、オーストラリア、少し質の落ちる緑色の石はドイツ・バイエルン州。

タイガーアイ | Tiger's eye

性質

- カボション
- 片面研磨
- ビーズ
- カメオ

- 六方晶系または三方晶系
- 7
- 2.7
- 1.54〜1.55
- ガラス光沢

タイガーアイの球
タイガーアイはたいてい厚さ数cmの脈状で産出する。写真の球は、めずらしく厚く生成した脈状の原石を研磨したもの。

鉄による縞状の着色

色の薄いタイガーアイの切片

黄色と褐色の縞模様

繊維状のクロシドライト

いろいろな形状

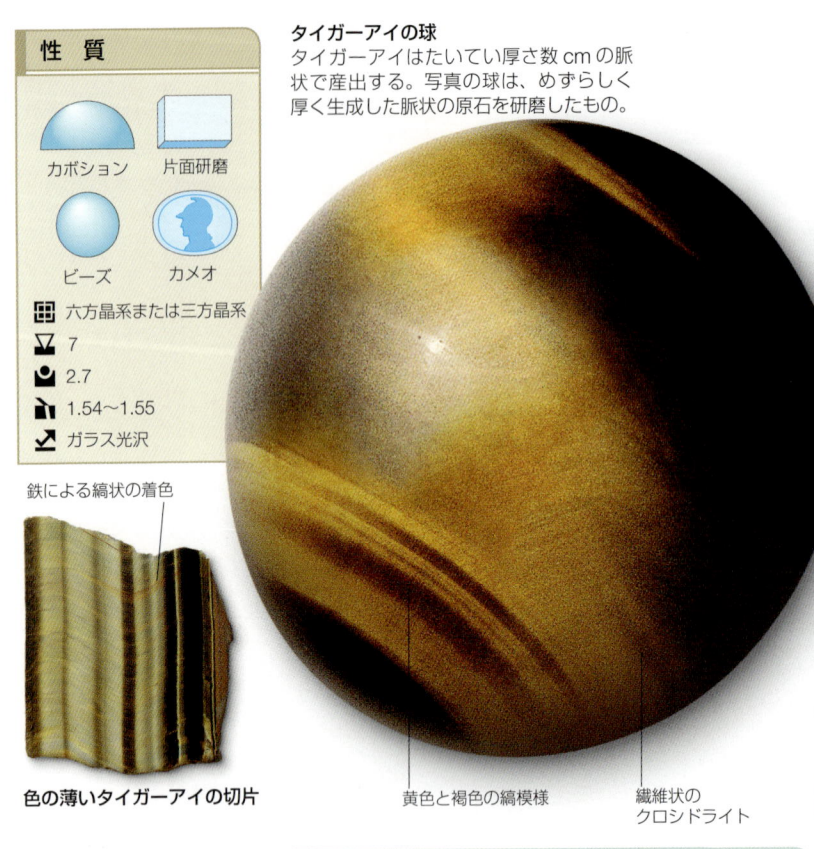

研磨片
タンブリング研磨されたタイガーアイの小片

SiO_2

タイガーアイ（虎目石）

半貴石として扱われる石英の変種。カボションカットを施すと虎や猫の目に似た光の帯が現れる。キャッツアイクォーツ（p. 105）よりも不透明で、酸化鉄を含むため濃い黄色から褐色を示す。色を変えるため熱や酸で処理することがある。ゆっくり加熱処理すると赤色、酸処理をすると蜂蜜色に変わる。蜂蜜色の石の外観は同じくキャッツアイの現れる高価なクリソベリル（p. 69）に似る。

タイガーアイ、レッドジャスパー、黒色のヘマタイトからなるタイガーアイアン（鉄虎目石）には明暗のある波状の縞模様が現れ、宝石や飾り石とされる。おもな産地は南アフリカ・グリカランドウェスト。

タイガーアイのビーズ
タイガーアイと水晶のビーズ、金の留め金でつくられたブレスレット。

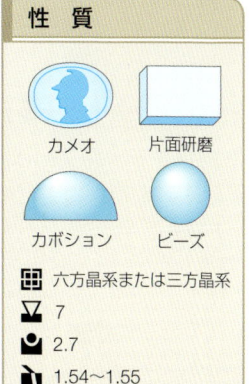

Hawk's eye｜ホークスアイ 107

ホークスアイのカボション
カボションカットを施されキャッツアイの現れたホークスアイ。

キャッツアイ効果

肉眼で見える繊維

ホークスアイの原石

性質

カメオ	片面研磨
カボション	ビーズ

- 六方晶系または三方晶系
- 7
- 2.7
- 1.54～1.55
- ガラス光沢

SiO_2

ホークスアイ

シャトヤンシーを放つ半貴石。 石英の変種である。タイガーアイ（p. 106）と近い関係にあり、どちらも結晶が成長するときにシリカといっしょに繊維状のクロシドライト（青色アスベスト）が平行に配列することによって生成する。タイガーアイではクロシドライトがさらに酸化鉄に変わるため金色を示す。ホークスアイの場合はクロシドライトは変化せず、そのまま青色が残る。タイガーアイと同じくホークスアイもカボションカットを施すと内部の繊維が光を反射するため光の筋が現れる。カボションカットはすばらしい光沢を放つ。タイガーアイに比べると産出量は少ないが、カボション、ビーズ、球などに加工されタイガーアイと同じように宝石や置物とされる。

おもな産地はタイガーアイとほぼ重なるが、クロシドライトがあまり変質していない鉱床で産出する。南アフリカ・グリカランドウェスト、西オーストラリア・ウィッテヌームジョージなど。

ルチルクォーツ | Rutilated Quartz

ルチルクォーツのカボション
金色の針状のルチルがみごとに規則正しく並んでいる水晶のカボション。

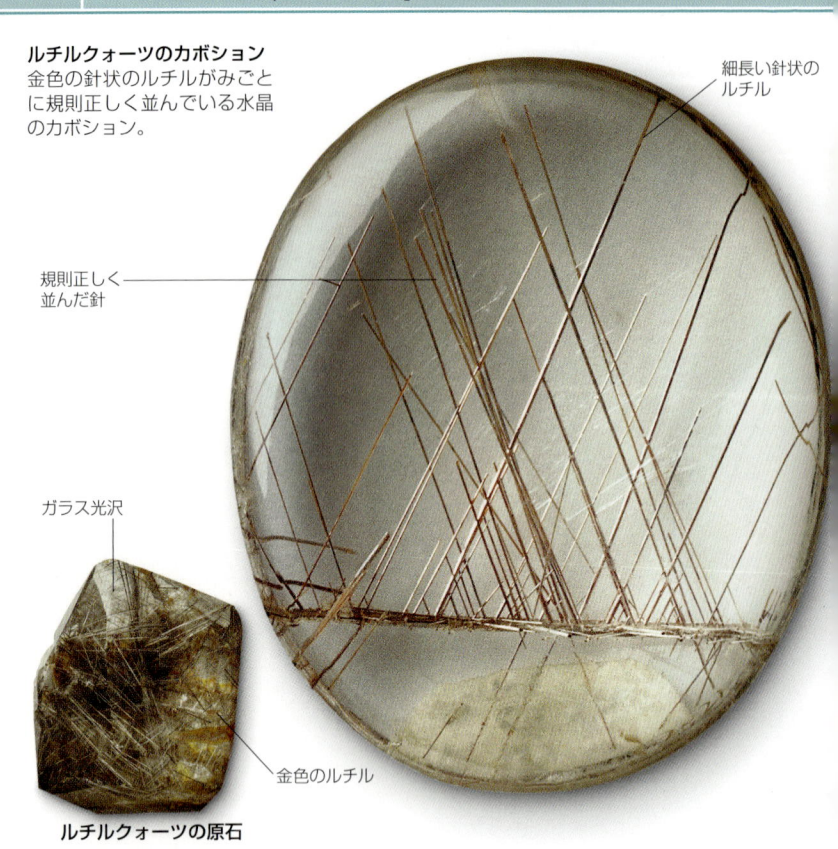

細長い針状のルチル

規則正しく並んだ針

ガラス光沢

金色のルチル

ルチルクォーツの原石

性　質

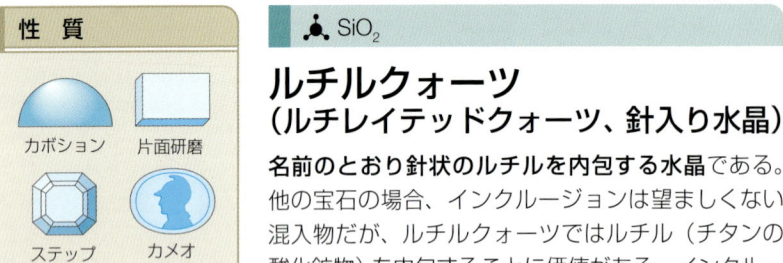

- カボション
- 片面研磨
- ステップ
- カメオ
- 三方晶系
- 7
- 2.7
- 1.54〜1.55
- ガラス光沢

SiO_2

ルチルクォーツ
（ルチレイテッドクォーツ、針入り水晶）

名前のとおり針状のルチルを内包する水晶である。他の宝石の場合、インクルージョンは望ましくない混入物だが、ルチルクォーツではルチル（チタンの酸化鉱物）を内包することに価値がある。インクルージョンとなるルチルは水晶の中で不規則に散らばったり、小枝のようにまとまったりする。数も数本から数えきれないほどまでさまざまである。金色が多いが、赤色から深い赤色、黒色と幅がある。インクルージョンの密度次第で石全体は半透明からほぼ不透明までを示す。カボション、ビーズ、大きな球などに仕上げられ、古くから飾り石や宗教儀式用の石としても利用されてきた。

ルチルを内包する石英はたいてい水晶（p. 96〜97）だが、自然放射線によって褐色に変わりルチルスモーキークォーツ（針入り煙水晶）となることもある。

中国の鼻煙壷
中を削ってつくられた鼻煙壷。ルチルクォーツは彫刻素材としてよく使われる。

Chalcedony | カルセドニー

エナメルを焼き付けられた金

細かい飾りのついたもち手

蝋のような外観

母岩

カルセドニーのぶどう状集合体

ピンクカルセドニーの球状集合体

カルセドニーのカップ
蝋のような灰色のカルセドニーからつくられた、すばらしい金細工の施された古いカップ。最高の宝石細工とエナメル技法がつまっている。

性質

カボション / 片面研磨 / ビーズ / カメオ

- 六方晶系または三方晶系
- 7
- 2.7
- 1.54〜1.55
- ガラス光沢

SiO_2

カルセドニー（玉髄）

微晶質の石英の緻密な集合体。顕微鏡でようやく見えるほどの小さな繊維状石英の薄層からなる。とても硬く、彫刻材料として古くから利用されてきた。純粋なカルセドニーは白色だが他の鉱物を微量に含むとさまざまな色を示し、多くは色ごとに名前がついている。

丸いぶどう状や鍾乳石状で産出する。多孔質のため着色剤で色を変えたり強調したりしてから売られることが多い。たいていのカルセドニーは半貴石として扱われる。カルセドニーは既存の岩石に低温（200℃以下）でシリカに富む水が浸透した空隙や割れ目で生成し、脈、晶洞、コンクリーションを形成する。

カルセドニーの印章
カルセドニーでつくられた懐中用の印章。18世紀、ジョージ朝時代のジェントルマンの肖像が沈み彫りで描かれている。

110　クリソプレーズ | **Chrysoprase**

**オーストラリアの
クリソプレーズ**
カボションカットを施されたクリソプレーズ。原石は1960年代にオーストラリアで採掘された。

高いドーム

不均一な表面

オーストラリア産の多孔質のクリソプレーズの原石

性　質

- ビーズ
- カボション
- 片面研磨
- カメオ

- 六方晶系または三方晶系
- 7
- 2.7
- 1.54〜1.55
- ガラス光沢

SiO_2

クリソプレーズ（緑玉髄）

半透明でニッケルに起因するアップルグリーンを示す、カルセドニー（p.109）の色変種。カルセドニーの他の変種は模様に特徴があるがクリソプレーズは独特の色を示し、この色が高く評価される。薄い色のカット石は高品質の翡翠と間違われることもある。クリソプレーズは古代ギリシア、ローマの時代から使われ、現在でもカルセドニーの中で最も珍重される。クリソプレーズよりも薄い緑色を示すカルセドニーをプレーズという。

　ニッケルを含む岩石が深部まで風化して生じる。現在最高品質とされる石はオーストラリア・クイーンズランド州で得られる。量は少ないがブラジル、アメリカ・カリフォルニア州、ロシア・ウラル山脈でも産出する。

クリソプレーズの装身具　ヴァン・クリーフ＆アーペルのハーフフープのイヤリング。暗い色のクリソプレーズとダイアモンドがあしらわれている。

Carnelian | カーネリアン

性質

- カボション
- 片面研磨
- ビーズ
- カメオ

- 六方晶系または三方晶系
- 7
- 2.7
- 1.54〜1.55
- ガラス光沢

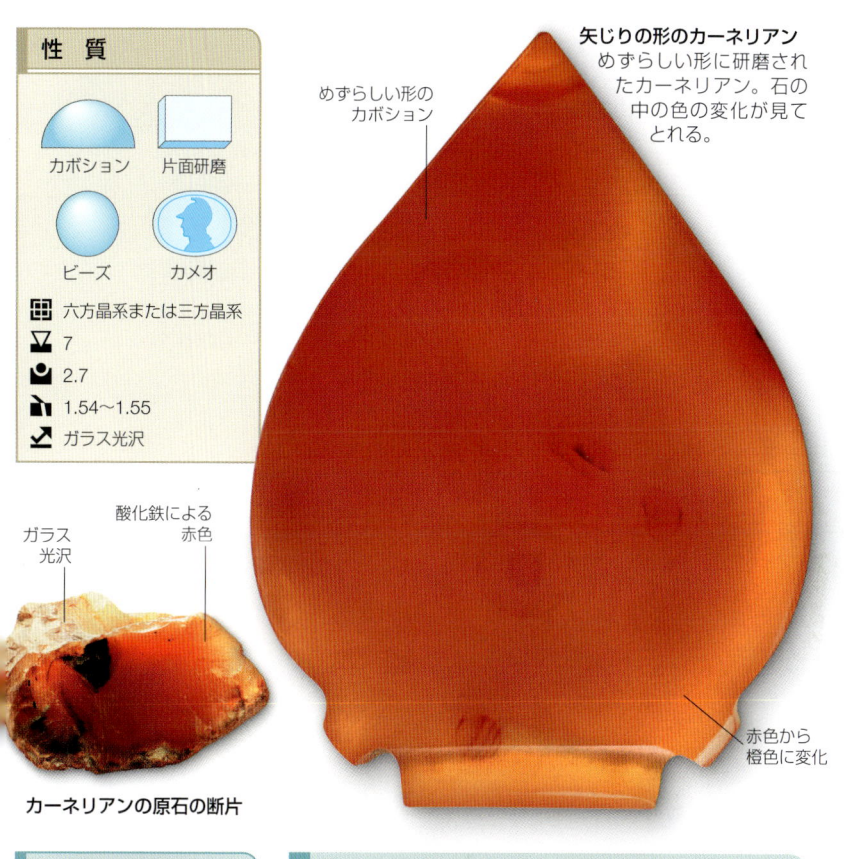

矢じりの形のカーネリアン
めずらしい形に研磨されたカーネリアン。石の中の色の変化が見てとれる。

めずらしい形のカボション

ガラス光沢

酸化鉄による赤色

赤色から橙色に変化

カーネリアンの原石の断片

いろいろな形状

濃い赤色のカーネリアン
濃い色を示すタンブリング研磨されたカーネリアンの礫

SiO_2

カーネリアン（コーネリアン、紅玉髄）

カーネリアンは紀元前4000年から宝石やお守りとして利用されてきた。古代メソポタミア、クレタ、エジプト、フェニキア、ギリシアの遺跡から細工の施された石が出土している。古代ローマ人は削った石をいろいろな宝飾品にあしらっていた。カーネリアンには血気を押さえ気性を穏やかにする力があると考えられていた。また逆にこの石を身につけた兵士は勇気をたぎらせ、人前で話すのが苦手な人は雄弁になるとも信じられていた。

半透明で血のような赤色から赤橙色を示す、カルセドニー（p.109）の変種である。均一な色の石以外にも、さまざまな色合いの赤色の混じる石や縞模様を示す石もある。縞模様のはっきりした石をカーネリアンアゲートという。現在流通するカーネリアンの多くはブラジルとウルグアイ産のカルセドニーを着色したものである。

カーネリアンのブレスレット
大きさも色もそろった10個のカーネリアンのビーズをつないだブレスレット。

ブラッドストーン | Bloodstone

ブラッドストーンとジャスパーの彫刻
ローマ皇帝の姿が彫られた厚みのあるカメオ。地の部分はブラッドストーン、彫りの部分はレッドジャスパー。

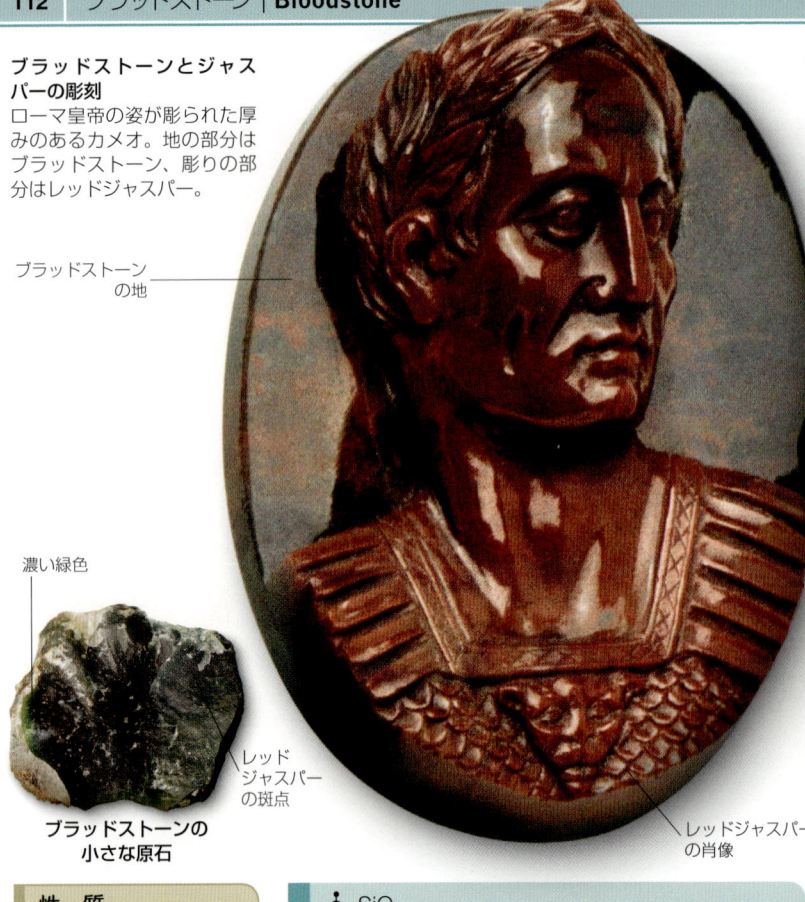

ブラッドストーンの地

濃い緑色

レッドジャスパーの斑点

ブラッドストーンの小さな原石

レッドジャスパーの肖像

性質

カボション／カメオ／ビーズ／片面研磨

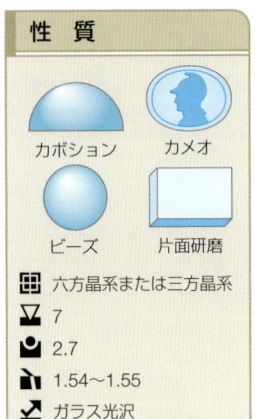

- 六方晶系または三方晶系
- 7
- 2.7
- 1.54～1.55
- ガラス光沢

SiO_2

ブラッドストーン（ヘリオトロープ）

人類が初めて宝石やお守りとして用いた石のひとつ。紀元前1世紀の頃はブラッドストーンには詐欺から身を守ったり健康を維持したりする力があると考えられていた。中世のヨーロッパではむち打ちや殉教を意味する彫像に使われた。止血薬、炎症性の病気の治療薬、鼻血の予防薬、怒りを鎮め仲違いを元に戻す薬ともされた。

　カルセドニー（p.109）の濃い緑色の変種。緑色は微量に含む鉄の珪酸塩鉱物に起因する。塊全体にはレッドジャスパー（p.113）が斑点状に広がる。ブラッドストーンという名前は血のような赤色の斑点に由来する。斑点は研磨した石にも原石にも見られる。斑点が黄色を示すブラッドストーンをプラズマという。ブラッドストーンは岩盤の割れ目に低温（200℃以下）でシリカに富む水が浸透すると沈殿して生成する。古代の産地はインド・カーティヤーワール半島。現在はブラジルとオーストラリア。

Jasper | ジャスパー　113

ピクチャージャスパー
砂のように見える層をなすジャスパー。さながら砂漠の景色のようである。

砂のような外観

酸化鉄による着色

不均一な表面

むらのあるレッドジャスパーの原石

性質

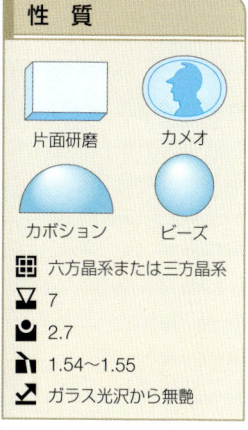

片面研磨
カメオ
カボション
ビーズ

- 六方晶系または三方晶系
- 7
- 2.7
- 1.54〜1.55
- ガラス光沢から無艶

SiO_2

ジャスパー（碧玉）

微細な石英の結晶が大量かつ不規則に重なり合った鉱物。主成分は石英だが大量に不純物を含むため不透明でさまざまな色を示す。レンガのような赤色から赤褐色を示すレッドジャスパーはヘマタイト（p.57）を含む。粘土鉱物を含むと黄白色または灰色、針鉄鉱を含むと褐色または黄色を示す。石器時代から装身具や宝飾品に使われてきた。古代バビロニアでは出産の象徴とされた。現在でも宝石や彫刻、飾り石に利用される。

　ジャスパーという名前はこの石のギリシア語名 iaspis に由来する。iaspis の語源はセム語にあるとされている。それぞれの産地で場所や色にちなむ名前があるが、鉱物学で専門的に認められている名前はわずかである。岩石の割れ目やひびに低温（200℃以下）でシリカに富む水が浸透すると沈殿して生成し、その過程で不純物を取りこむため着色する。隠微晶質の石英が産出するところで得られる。

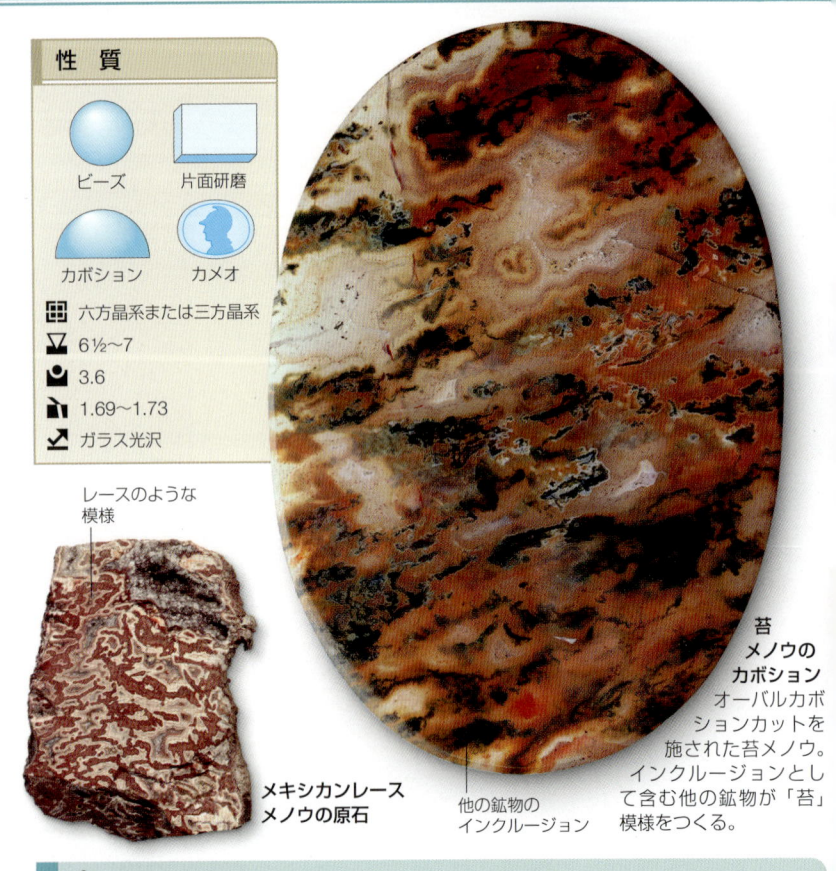

性質

- ビーズ
- 片面研磨
- カボション
- カメオ
- ⊞ 六方晶系または三方晶系
- ▽ 6½〜7
- 3.6
- 1.69〜1.73
- ガラス光沢

レースのような模様

メキシカンレースメノウの原石

苔メノウのカボション
オーバルカボションカットを施された苔メノウ。インクルージョンとして含む他の鉱物が「苔」模様をつくる。

他の鉱物のインクルージョン

SiO_2

メノウ（アゲート）

微晶質の石英の緻密な集合体で、半貴石として扱われるカルセドニーの変種。多くに白、黄、灰、淡い青、ピンク、赤、黒、褐色などの特徴的な同心円状の縞模様がある。産出量は少ないが苔（モス）のように広がるインクルージョンを含むものもある。ほとんどのメノウは古い溶岩や噴出火成岩の空隙で生成し、縞模様はメノウが成長した空隙の輪郭とたいてい同じ形になる。

色や模様、産地により名前が異なる。角張った縞模様が古代の要塞（フォーティフィケーション）を上空から見た形に似るフォーティフィケーションメノウ、その一種で少し角張った同心円状の縞模様をもつブラジリアンメノウ、同じくフォーティフィケーションメノウの一種で異なる色の縞模様が複雑に絡み合いクレージーレースとも呼ばれるメキシカンレースメノウなど。

苔メノウは縞模様がなく、多くは白または灰色を示し緑、黒、褐色の苔や樹枝状に広がるインクルージョンを含む。インクルージョンの多くは鉄やマンガンの酸化鉱物または緑泥石である。褐色のインクルージョンを含む石をモカストーンと呼ぶこともある。インド産の苔メノウは透明に近いカルセドニーの中に緑色の苔のような樹枝状結晶を含む。アメリカ・ワイオミング州で産出するスウィートウォーターメノウは美しい黒色の樹枝状結晶を含む。

Agate | メノウ　115

イダー＝オーバーシュタイン

ドイツ南西部ラインラント地方にある町イダー＝オーバーシュタインでは 700 年以上にわたってメノウが採掘されている。1548 年にはすでにメノウの研磨工房が軒を並べていた。近くを流れる川の水を利用して、砂岩製の研磨盤を動かした。

宝石加工の中心地
川に沿って開けたイダー＝オーバーシュタインの町を描いた 1650 年の版画。川を流れる水の力で研磨盤を動かしていた。

めずらしいカボション
酸化鉱物のインクルージョンによって木にも見える模様が現れた苔メノウのカボション。

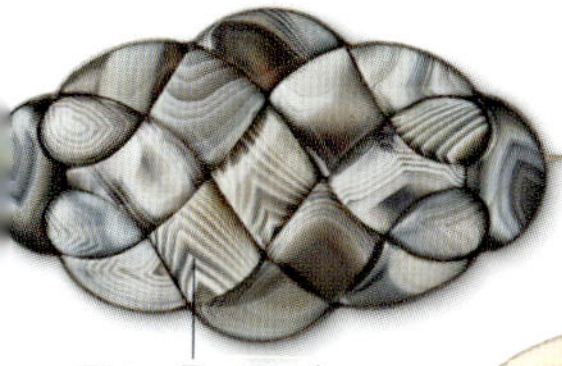

― 鉱物の描いた木

メノウのブローチ
板状に研磨したスコットランド産のモントローズブルーメノウを銀の上で複雑に組み合わせたブローチ。

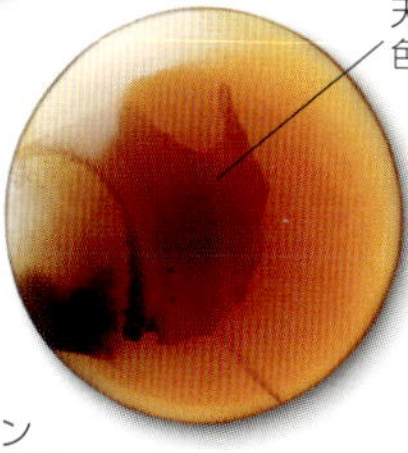

― フォーティフィケーションメノウ

ブラウンメノウ
メノウの円形のカボション。カーネリアンに近い色を示している。

― 天然に生じた色の変化

メノウのカメオ
17 世紀に三層のメノウからつくられたカメオ。ローマ神話のワインの神が描かれている。

― 色の異なる三層からなるメノウ

― 緑色のインクルージョン

緑色の苔メノウの原石
緑色の「苔」（おそらく緑泥石）がはうように広がっている苔メノウ。

中国の鼻煙壺
19 世紀につくられたメノウの鼻煙壺。外側のカーネリアンの層に彫刻が施されている。

― 細かく彫られた花

― 色のついた線模様

着色したメノウの研磨片　内側に水晶が成長したメノウ。濃い青色の部分は天然の色ではなく着色されている。

ファイアメノウ | Fire Agate

性質

- カボション
- 六方晶系または三方晶系
- 7
- 2.7
- 1.54〜1.55
- ガラス光沢

カルセドニーの「泡」

ファイアメノウのカボション
アリゾナ産の高品質のファイアメノウ。よく成長した泡状の「ファイア」が見える。

風化した表面

ファイアメノウの原石

いろいろな形状

みごとな「ファイア」
黄色と緑色の「ファイア」がきれいに現れた石

SiO_2

ファイアメノウ

石英の変種カルセドニー（p.109）の一種。産出量はとても少ない。褐色から蜂蜜色を示すぶどう状のカルセドニーがさらに後から沈殿した透明のカルセドニーに閉じこめられた石で、ぶどう状のカルセドニーの表面から赤色、金色、緑色、時おり青紫色のイリデッセンスが放たれる。ぶどう状のカルセドニーの内部は薄層をなし、その層の一部が酸化鉄の板状結晶で覆われるため「ファイア」がつくり出される。

　ファイアメノウの多くにはカボションカットが施される。直径が2.5cmを超えることはない。研磨には細心の注意が求められる。自然の輪郭に従って「ファイア」を放つ部分だけを取り出し、なおかつ傷つけないようにしなければならない。ファイアメノウはメキシコ北部とアメリカ南西部の限られた地域でしか産出しない。

Onyx｜オニキス

性質

- カボション
- カメオ
- ビーズ
- 片面研磨

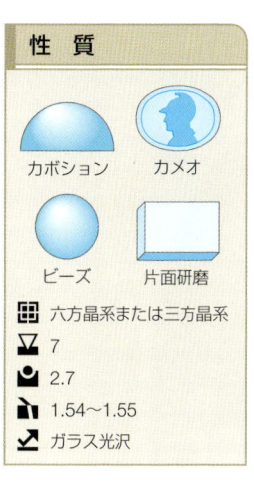

- 六方晶系または三方晶系
- 7
- 2.7
- 1.54〜1.55
- ガラス光沢

特有のまっすぐな縞模様

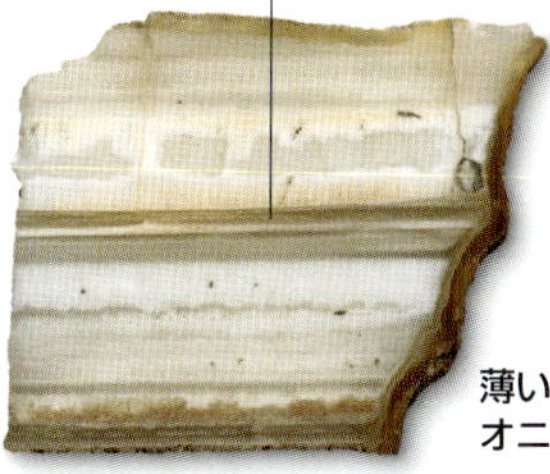

異なる色の層

薄い色の縞模様のオニキス

オニキスのカボション オニキスに特徴的な白色と黒色の縞が交互に現れている。

いろいろな形状

オニキスの研磨片 研磨されて縞模様がはっきり見えるオニキス

SiO_2

オニキス

白色と黒色が交互に現れる縞模様が特徴的なカルセドニー（p.109）の変種。オニキスという名前は白色と黒色にちなんで「爪」あるいは「かぎ爪」を意味するギリシア語 onux からつけられた。オニキスの中には白色と赤色の縞模様を示すカーネリアンオニキス、白色と褐色の縞模様を示すサードニクス（p.118）もある。うまく削ると色の違いがはっきり見えることからオニキスはカメオやインタリオの素材として人気が高い。1世紀頃のローマではオニキスにとてもみごとなカメオやインタリオが彫られた。

シリカに富む水が低温（200℃以下）で岩石の裂け目やひびにしみこむとオニキスは沈殿物の中に生成する。天然にはあまり産出しない。おもな産地はインドや南アメリカ。

オニキスの印章 ジョージ朝時代のオニキスの印章。柄の形にみごとな縞模様が生かされている。

サードとサードニクス | Sard and Sardonyx

性質

- 片面研磨
- カボション
- カメオ
- 六方晶系または三方晶系
- 7
- 2.6
- 1.54〜1.55
- ガラス光沢

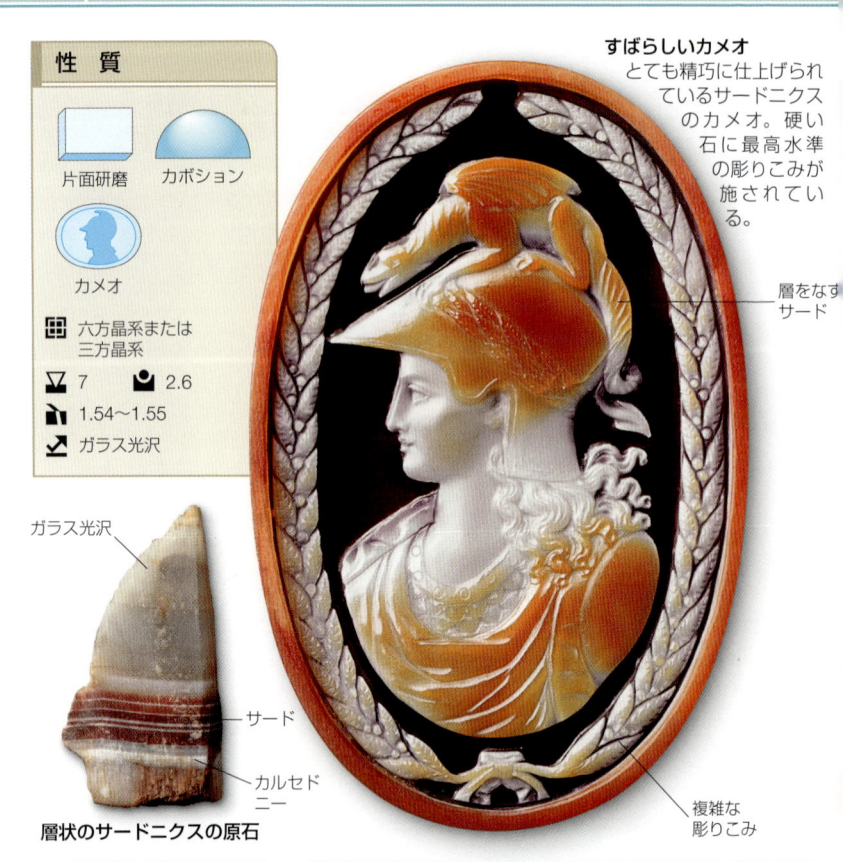

すばらしいカメオ
とても精巧に仕上げられているサードニクスのカメオ。硬い石に最高水準の彫りこみが施されている。

層をなすサード

ガラス光沢

サード

カルセドニー

層状のサードニクスの原石

複雑な彫りこみ

いろいろな形状

カボションカット
上部が平らな円形のサードニクス

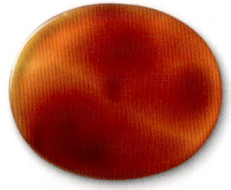

オーバルカボション
カーネリアンのような赤色を帯びたサード

SiO_2

サードとサードニクス

どちらも古くからカメオやインタリオの素材とされた。 人類が初めて宝石とした石のひとつ。サードという名前は古代ギリシア時代のリディア王国の首都サルディスにちなむが、この石はそれ以前のハラッパ、ミケーネ、アッシリア文明でも宝石とされた。古くからサードの装身具は神秘的、医学的な要素をもつものとして扱われていた。魔除けとされた時代もあった。

サードは薄から濃褐色、赤褐色のカルセドニー。サードと白色のカルセドニーが縞模様をなすサードニクスは人気のカメオ素材である。どちらもカボションカットを施され、色を強める、あるいは変えるために処理されることもある。サードの産地はスリランカ、ウルグアイ、インド、ブラジルなど。

ビクトリア朝時代の指輪 19世紀、ビクトリア朝時代の金の指輪。石はサード。

Common Opal | コモンオパール　119

緑色のオパールのカボション
ドームの高いカボションを施された半透明のオパール。コモンオパールの見せる数色のうちの1色、緑色を示している。

半透明のカボション

割れた表面

ピンク色のオパールの原石

性質

オーバルブリリアント
ラウンドブリリアント
ステップ
ミックスド

- 非晶質
- 5～6
- 1.9～2.3
- 1.37～1.47
- ガラス光沢

$SiO_2 \cdot nH_2O$

コモンオパール（普通蛋白石）

名前のとおり最もありふれた（コモン）オパール。さまざまな種類の堆積岩の中で産出する。シリカに富む火成岩の空洞を満たしていることもある。コモンオパールはプレシャスオパールとは違って遊色を示さないし、ファイアオパールとも違って透明ではない。プレシャスオパールやファイアオパールに比べて内部の構造が不規則なためである。プレシャスオパールの内部構造はとても規則正しく、微小な珪酸球（球状の石英）によって光が回折される。ファイアオパールも適度に規則正しい構造をもつが、球の大きさが回折をつくり出すのに適さない。

　白色、灰色、赤色、橙色、黄色、緑色、青色、赤紫色、ローズ色、ピンク色、スレート色（濃い青灰色）、オリーブ色（暗い黄褐色）、褐色、黒色などすべての色を示す。不透明で乳白色を示すコモンオパールはポッチオパールといい、価値は低いとされる。いろいろな色を示す不透明なオパールにはカボションカットが施され宝飾品にあしらわれる。

プレシャスオパール | Precious Opal

性質

- カボション
- 非晶質
- 5〜6
- 1.9〜2.3
- 1.37〜1.47
- ガラス光沢

酸化鉄

層状の「ファイア」

プレシャスオパールの原石

ボルダーオパール
オーストラリア・クイーンズランド州のヤワで産出した美しいボルダーオパール。

$SiO_2 \cdot nH_2O$

プレシャスオパール（貴蛋白石）

オパール（蛋白石）は古くから知られており、名前は「貴石」を意味する古代ローマ語 opalus に由来する。中世ではオパールは幸運の石とされていた。1829年、不思議なオパールを身につけた女性が主人公の小説が発表された。ふとしたことでオパールに聖水がふりかかり持ち主に死がもたらされたという内容で、出版されると1年もたたないうちにヨーロッパ中でオパールが売れなくなった。現在でもオパールを不幸の石と考える人は多い。

オパールはゲル状のシリカが硬くなった鉱物。光学顕微鏡でも見えないほどの小さな空隙に5〜10%の水を含む。プレシャスオパールでは珪酸球が規則正しく並び、珪酸球の大きさによって光を回折したり、遊色を生じたりする。地色は白色、無色、とても濃い灰色または青から黒色を示す。カボションには石英などの硬い石を張り合わせたオパールダブレットが多い。プレシャスオパールの薄片を上下から石英で挟むオパールトリプレットもある。

オパールの多くは堆積岩の中でシリカを含む循環水から低温で沈殿して生成する。かつては現在のスロバキアが一大産地だったが、今日のおもな産地はオーストラリア。オーストラリアでは骨や貝殻の化石を置換したオパールが産出する。

Precious Opal｜プレシャスオパール

クーバーペディ

アボリジニの言葉で「白い人の穴」を意味する「クーバーペディ」は世界最大級のオパール産地の名前でもある。クーバーペディの鉱山で産出した世界最大のカット石は1万7000カラット。オーストラリアの南部に位置し、とても暑いため鉱夫の多くが地下で暮らす。

クーバーペディ オーストラリア南部のクーバーペディのオパール鉱山地帯には掘り起こした土砂でできた山が点在する。

褐色の地色

金の石留め

デマントイドガーネット

地色が黒色のオパール

チョコレートオパール エチオピアで最近発見された地色が褐色のオパール。

ブラックオパール オーストラリア・ライトニングリッジで産出した26.9カラットのブラックオパールがあしらわれた金の指輪。

オパールのネックレス 緑色に輝く希少なデマントイドガーネットをアクセントにブラックオパールがあしらわれたネックレス。ルイス・カムフォート・ティファニーの作品。

透明な地色のオパール

オパールの上に張り合わされた石英

エチオピアンオパール 最近エチオピアで発見された3.26カラットのクリスタルオパール。

アイダホ産のオパール アメリカ・アイダホ州の鉱床で産出した長さ5.1 cmのオパール。トリプレットに加工されている。

鉄鉱石のコンクリーション

オパールのイヤリング オーバルカットの白色のオパール3個と小さなルビー3個があしらわれた金のイヤリング。

地色が白色のオパール

黄色のポッチオパール

空隙を埋めたオパール 鉄鉱石のコンクリーションの内部を充填した青色のオパール。美しい遊色が現れている。

白色の地色のオパール 黄色のポッチオパールの層を含む地色が白色のオパール。遊色が現れている。

ファイアオパール | Fire Opal

クッションカットの宝石
クッションモディファイドブリリアントカットを施された、ほぼ透明な橙色のファイアオパール。

スターファセット

ガラス光沢

ファイアオパールの原石

性質

ラウンドブリリアント / カボション

- 非晶質
- 5〜6
- 1.9〜2.3
- 1.37〜1.47
- ガラス光沢

$SiO_2 \cdot nH_2O$

ファイアオパール（火蛋白石）

プレシャスオパールやコモンオパールと同じくゲル状のシリカが硬くなったオパール。光学顕微鏡では見えないほどの小さな空隙にたいてい5〜10％の水を含む。透明から半透明を示すファイアオパールはプレシャスオパールとは異なりほとんどが遊色を示さず、外観からジェリーオパールとも呼ばれる。メキシコでは明るい緑色の閃光を放つファイアオパールが時おり産出する。黄色、橙色、橙黄色、赤色など豊かな色彩を示し珍重される。透明な石にはたいていファセットカットが施される。オパールをあしらった宝飾品には銀の台座との組合せが多い。

　砂岩や鉄鉱石など堆積岩中で産出する。おもな産地であるメキシコでは流紋岩の空隙を満たした状態でよく産出する。メキシコ産はメキシカンファイアオパールの名でも流通している。流紋岩の母岩の内部をオパールが満たした状態で産出したメキシカンオパールには母岩のついたままカボションカットが施されることもある。無色のメキシカンウォーターオパールを研磨すると内部から青色や金色を帯びた輝きが放たれる。

Orthoclase | オーソクレース

性質

- カボション
- ミックスド
- エメラルド
- 単斜晶系
- 6〜6½
- 2.5〜2.6
- 1.51〜1.54
- ガラス光沢

艶を消したような表面

オーソクレースの水磨礫

天然のインクルージョン

欠けやすいためステップカットが施されている

もろい石 オーソクレースに典型的な黄色の石。もろいため角が斜めに研磨されている。

いろいろな形状

ブリリアントクッションカット 無色のオーソクレース。かすかにムーンストーンのような輝きを放つ

エメラルドカット 明るい黄色のオーソクレース。色は濃く透明度も高い

$KAlSi_3O_8$

オーソクレース（正長石）

アルカリ長石（カリ長石）の一種で、主要な造岩鉱物。宝石質の石も得られる。名前は「まっすぐ」と「割れ」を意味するギリシア語 orthos と klassis に由来する。二平面が直交するように割れる性質にちなむ。透明で黄色や無色の石は収集家向けにファセットが刻まれる。黄色や白色の石にカボションカットを施すとキャッツアイが現れることもある。シラーを示す変種はムーンストーン（p.129）と呼ばれる。

花崗岩の主要成分。花崗岩に見られるピンク色や白色はこの石である。ロシア・ウラル山脈では重さ約102トンの世界最大の単結晶が産出している。宝石質のスターオーソクレースはスリランカやミャンマーの宝石礫から得られる。その他の宝石質のオーソクレースはマダガスカルやドイツで産出する。マダガスカル産のオーソクレースとオーソクレースの変種サンストーンの多くはペグマタイト中で産出する。

マイクロクリン | Microcline

半透明

マイクロクリンの層

青緑色

格子状の模様

ピンク色のマイクロクリンを伴うアマゾナイトの未加工の結晶

オーバルカボション
めずらしく良質の半透明のアマゾナイト。オーバルカボションを施されている。アマゾナイトはマイクロクリンの一種で宝石として扱われる。

性質

片面研磨　カボション

- 三斜晶系
- 6〜6½
- 2.6
- 1.50
- ガラス光沢、無艶

$KAlSi_3O_8$

マイクロクリン（微斜長石）

長石の一種。 無色、白色、クリーム色から淡い黄色、サーモンピンク色から赤色、明るい緑色から青緑色を示し、よく産出する。明るい緑色を示す変種をアマゾナイトまたはアマゾンストーンという。アマゾナイトは宝石として珍重される。深い青緑色のアマゾナイトが最も人気が高いが、多くは黄緑色から青緑色を示し白い筋の見える石もある。たいていは不透明でカボションカットが施される。あまり硬くないため彫刻やビーズにはめったに用いられない。

　アマゾナイトの結晶では、双晶が生じたために直角に交わる細い線が格子模様となって現れることがよくある。この格子模様はアマゾナイトと他の長石や緑色の翡翠とを区別する手がかりとなる。花崗岩ペグマタイトからは重さ数トン、長さ数十mにもなる単結晶が産出する。アマゾナイトの名前はアマゾン川に由来するがアマゾンでは産出しない。おもな産地はアメリカ・コロラド州のパイクスピーク周辺。

Albite | アルバイト

高い透明度

複雑なファセッティング

ファセットを刻まれた宝石
無色で透明なアルバイトの宝石。複雑なオーバルブリリアントカットが施されている。

ガラス光沢から真珠光沢

双晶

アルバイトに典型的な不透明の結晶

性質

- カボション
- ミックスド
- ラウンドブリリアント
- オーバルブリリアント
- 三斜晶系
- 6〜6½
- 2.6
- 1.54〜1.55
- ガラス光沢から真珠光沢

$NaAlSi_3O_8$

アルバイト（曹長石）

ナトリウムのアルミノ珪酸塩鉱物。斜長石に含まれる6種類の鉱物のうちのひとつでもある。アルバイトという名前は「白い」を意味するラテン語 albus に由来する。多くのアルバイトが白色を示すことにちなむ。無色、やや黄色、ピンク色、緑色も示す。形のよいガラスのような結晶でも産出する。比較的軟らかくもろいため、もっぱら収集家向けに研磨される。アルバイトとオリゴクレースが混ざり合って成長したペリステライトにカボションカットを施すと青色を帯びたムーンストーンのような輝きを放つ。

　主要な造岩鉱物で、ペグマタイト中や、長石や石英に富む火成岩中で産出する。最高品質のペリステライトの産地はカナダ、ファセット向きのアルバイトの産地はブラジルとノルウェーである。量は少ないが世界各地でも産出する。

126 バイトウナイト | **Bytownite**

テーブルカットを通してパビリオンファセットが見える

不均一な表面

塊状のバイトウナイトの原石

ステップカットのバイトウナイト
めずらしいスクエアクッションステップカットを施された、あまり産出しない透明なバイトウナイト。

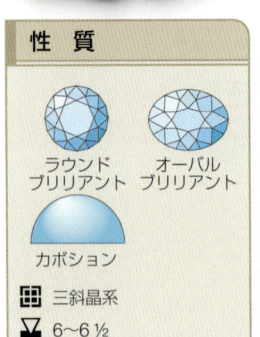

性質

ラウンドブリリアント
オーバルブリリアント
カボション

- 三斜晶系
- 6～6½
- 2.7
- 1.57～1.59
- ガラス光沢から真珠光沢

$NaAlSi_3O_8$–$CaAl_2Si_2O_8$

バイトウナイト（亜灰長石）

ナトリウムのアルミノ珪酸塩鉱物とカルシウムのアルミノ珪酸塩鉱物からなる固溶体（カルシウムのアルミノ珪酸塩鉱物の方が多い）。斜長石の中では産出量が最も少ない。結晶はあまり発達しないが、短柱状から卓状で産出することがある。灰色から白色が多い。淡い麦わら色から薄い褐色を示す透明な石にはたいていファセットが刻まれる。

　バイトウナイトの名前は最初に発見されたカナダのバイタウン（現在のオタワ）にちなむ。シリカ含量が中程度から低度の火成岩中で造岩鉱物として産出する。宝石質の石はメキシコ・チワワ州とアメリカ・オレゴン州で得られる。その他の産地にはスコットランド・ラム島、グリーンランド・フィスケネセット、アメリカ・ペンシルバニア州、カナダ・オタワがある。メキシコで産出する変種はゴールデンサンストーンの名前で流通する。宝石のサンストーン（p.128）はゴールデンサンストーンとは異なり、別の種類の斜長石（オリゴクレース）またはオーソクレースである。

Labradorite | ラブラドライト 127

遊色

虹色を示す表面

虹色のラブラドライトの原石

ガラス光沢

天然のインクルージョン

半透明のラブラドライト
カボションカットを施された半透明のラブラドライト。ドームの上部に青色のイリデッセンスが現れている。

性 質

- 片面研磨
- カボション
- ビーズ
- カメオ
- 三斜晶系
- 6〜6½
- 2.7
- 1.56〜1.57
- ガラス光沢

NaAlSi$_3$O$_8$–CaAl$_2$Si$_2$O$_8$

ラブラドライト（曹灰長石）

斜長石系列の中で中間付近の成分組成をもつ、カルシウムに富む鉱物。特徴的なシラー効果を放つため珍重される。シラーとは劈開面に現れる青色を主体とする鮮やかな虹色の遊色である。岩石が冷えるときに重なり合って生成したカルシウムに富む長石の薄層とナトリウムに富む長石の薄層が光を散乱させることによってシラーが生じる。地色は一般に青色または黒灰色で、無色や白色を示すこともある。黄色、橙色、赤色、緑色を示す透明な石もある。虹色を放つ石にはカボションカットや彫刻が施される。透明な石には収集家向けにファセットが刻まれる。

　形のよい結晶はめったに得られない。多くは結晶質の塊で産出し、幅1m以上になることもある。虹色を示すラブラドライトは地殻深部で生成した古い結晶質の岩石からおもに産出する。

ビーズのネックレス
ほぼ透明のビーズとカボションにカットされた石が美しく調和したラブラドライトのネックレス。

サンストーン | Sunstone

内包される
ヘマタイトの薄片

マーキーズカットのサンストーン
板状のインクルージョンが輝きを放つオーソクレースのサンストーン。めずらしいマーキーズカットが施されている。

ヘマタイトの薄片の放つ輝き

板状のインクルージョンを含むオリゴクレースのサンストーンの原石

性質

カボション　ステップ

- 三斜晶系
- 6
- 2.6
- 1.54〜1.55
- ガラス光沢

$(Na,Ca)Al_2Si_2O_8$

サンストーン（日長石）

オリゴクレースまたはオーソクレースのスパングル（星のように輝く、多くは赤みを帯びた光）**を放つ宝石質の変種**。オリゴクレースは斜長石、オーソクレースはアルカリ長石に属する、いずれも長石鉱物である。アルバイトやラブラドライトなど他の斜長石も少量ではあるがサンストーンとなることがある。サンストーンはアベンチュリンフェルドスパーとも呼ばれる。サンストーンが放つスパングルはインクルージョンとして含む小さな板状の酸化鉄（ヘマタイト、針鉄鉱）が平行に並ぶことによって生じる。ほとんどのサンストーンにはカボションカットが施される。透明で橙色を示すオリゴクレースにファセットが刻まれサンストーンとして流通することもある。

オリゴクレースはシリカに富む火成岩やある種の変成岩の中で産出する。オリゴクレースのサンストーンはアメリカ・オレゴン州をはじめノルウェー、インド、カナダ、ロシアで産出する。

金色のタイピン
内側から輝きを放つエドワード朝時代の金のタイピン。カボションカットを施されたオリゴクレースのサンストーンがあしらわれている。

Moonstone | ムーンストーン

性質

- カボション
- カメオ
- 単斜晶系
- 6〜6½
- 2.5〜5.6
- 1.54
- ガラス光沢

くもりガラスのような表面

ムーンストーンの水磨礫

細かな彫刻

カメオ 女性の肖像が刻まれたムーンストーンのカメオ。シラーと呼ばれる独特の青色の輝きを放っている。

いろいろな形状

キャッツアイのカボション キャッツアイの現れたムーンストーン

オーソクレースのカボション オーソクレースのムーンストーン

$KAlSi_3O_8$

ムーンストーン（月長石）

シラー（青色や白色の輝き）を放つ、オーソクレースをはじめとする長石の変種。内部では微小なオーソクレースとアルバイトが交互に層をなす。このような互層構造は光を回折して柔らかいシラーや鮮やかなイリデッセンスを生み出す。シラーが全面に浮かび上がるようにカボションカットが施される。彫刻やカメオの施された石は優美な柔らかい輝きを放つ。19世紀が終わりを迎える頃フランスのルネ・ラリックらアールヌーボーの作家はムーンストーンを用いた宝飾品を数多く制作した。

古代ギリシアやローマでは月の神と結びつけられた。インドには満月のときにムーンストーンを口に含むと、その石は恋人たちの未来を予言するという言い伝えがあった。

凝った装飾のブローチ カボションカットの美しいムーンストーンのあしらわれた銀のブローチ。

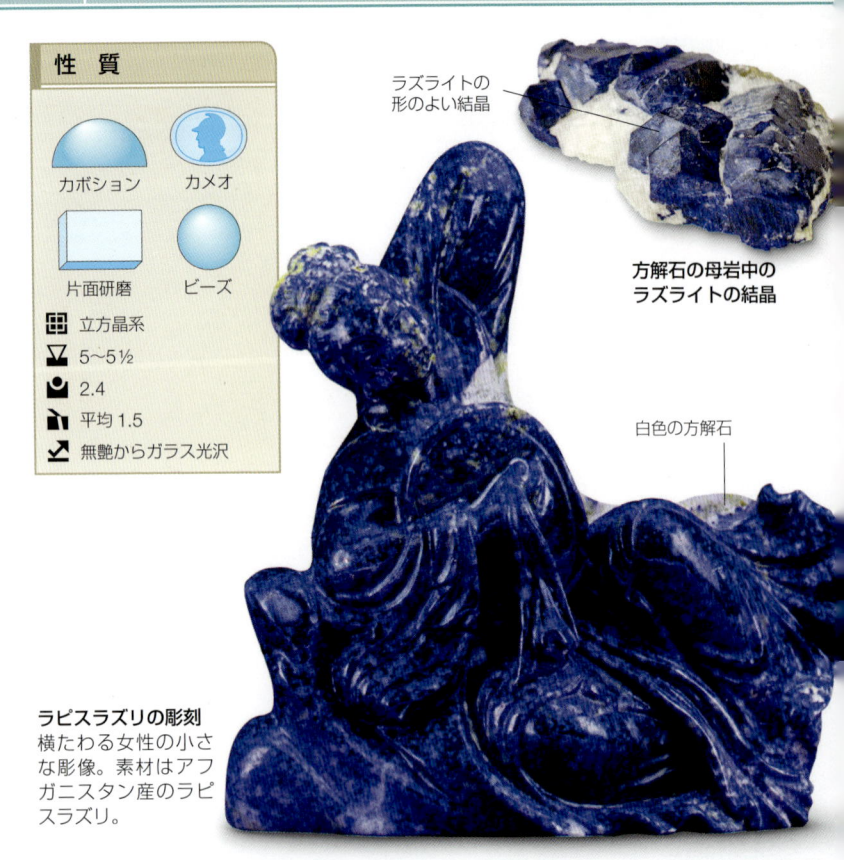

性質

- カボション
- カメオ
- 片面研磨
- ビーズ
- 立方晶系
- 5〜5½
- 2.4
- 平均1.5
- 無艶からガラス光沢

方解石の母岩中のラズライトの結晶

ラズライトの形のよい結晶

白色の方解石

ラピスラズリの彫刻
横たわる女性の小さな彫像。素材はアフガニスタン産のラピスラズリ。

$Na_3Ca(Al_3Si_3O_{12})S$

ラズライト（青金石）とラピスラズリ（瑠璃）

エジプトでは紀元前3100年からペンダント、ビーズ、スカラベの彫刻などにラピスラズリを使っていた。粉末にして顔料、薬、化粧品（最初のアイシャドー）としても利用した。中国とギリシアでも紀元前4世紀にはラピスラズリで工芸品をつくっていた。その時々でラピスラズリは彫刻やモザイクや象眼細工に使われ、ビーズやカボションがはやった時代もあった。

　古代ローマ語のsapphirusをはじめ古い時代にサファイアと呼ばれた石はおそらくラピスラズリ。現代の名前は「天国」あるいは「空」を意味するアラビア語lazawardに由来する。おもな鉱物成分はラズライト、他にパイライトや方解石、ソーダライトやアウインを含む。色はラズライトに起因する。最高とされるラピスラズリははっきりした濃い青色を示し、小さな斑点状の白色の方解石と真ちゅうのような黄色のパイライトが混じる。

　変成岩である結晶質石灰岩中で産出する。産出量は少なく古代からアフガニスタンの鉱山が一大産地。イタリア、アルゼンチン、アメリカ、タジキスタンでも産出する。中国ではやや薄い青色のラピスラズリが得られる。

　ラズライトはナトリウムとカルシウムを含むアルミノ珪酸塩鉱物。はっきりした結晶が1990年代にアフガニスタンの鉱山で大量に採掘された。

Lazurite and Lapis Lazuli | ラズライトとラピスラズリ

ラピスラズリのビーズ
少しずつ大きさの異なるラピスラズリのビーズがきれいに並んだネックレス。ビーズの両端には金があしらわれている。

少しずつ大きさの異なるビーズ

ウルのスタンダード

ウルのスタンダードは現在のイラクで紀元前 2600〜2400 年に栄えたウル王朝の王家の墓から発掘された高さ 21.6 cm、長さ 49.5 cm の箱。スタンダード（軍旗）と名づけられたが現在では楽器とも考えられている。ラピスラズリ、砂岩、貝殻で絵が描かれている。

スタンダードの細部
左は雄牛の飾りのついたハープを奏でる演奏家。

ラピスラズリの切片
ラピスラズリらしい、価値の高いパイライトの斑点のある研磨片。

パイライトの斑点

カーネリアンの飾り

方解石の筋模様

低い品質のラピスラズリ
アフガニスタンで産出したラピスラズリのカボション。薄い色合いに対する評価は低いとはいえ、きれいな青色が現れている。

ラピスラズリの粉
古い時代にはラピスラズリの粉末を顔料として用いていた。

白色の方解石

ラピスラズリの壷 ラピスラズリと金でできた高さ 8.3 cm の壷。イタリア・フィレンツェの銀器博物館に展示されている。

最高のラピスラズリは磨くと艶を帯びる

パイライトの斑点の模倣

アフガニスタンのラピスラズリ
親亀と 2 匹の子亀の彫刻。素材はアフガニスタン産のラピスラズリ。

イミテーションのラピスラズリ
明るい青色を示す。金色の斑点が入っている。

古代の宝石採掘

遠い昔、石で身を飾ることを覚えた人類は以来ずっと石を求めて地面を掘り起こしてきた。はじまりは拾った小石だったが、およそ6000年前にはすでに礫や岩石から採掘をしていた。

トルコ石

古代ペルシアではトルコ石を珍重してきた。当時のトルコ石はホラーサーン地方ニーシャプールの鉱山で採掘されていた。遠くまで取引され紀元前2000年にはインダス文明でも使われた。この時代、エジプトではワーディー・ハンマーマート、トゥーラ、アスワン、ヌビア地方の各地でトルコ石が採掘された。アメリカの南西部では1000年頃からネイティブアメリカンによってトルコ石が採掘されている。

トルコ石の耳飾り
カモの図柄と周りの模様がトルコ石で描かれ、金のビーズで縁取られた耳飾り。ペルーのランバイエケにあるワカラハダ遺跡博物館に展示されている。

トルコ石のはめこみ

ダイアモンド

ダイアモンドが最初に発見され採掘された地はおそらくインドである。インドのダイアモンドには3000年を越す歴史がある。紀元前1000年、ゴルコンダは世界のダイアモンド貿易の中心であった。ゴルコンダ近郊の採掘場はそれほどでもなかったが、少し離れたグントゥールやクリシュナではたくさんのダイアモンドが産出し、大きくて有名なダイアモンドがいくつも掘り出されている。1725年にブラジルでダイアモンドが発見されるまでインドは世界で唯一のダイアモンドの産地であった。

ゴルコンダ要塞 ダイアモンド貿易の拠点だったゴルコンダ要塞。コイヌールもホープダイアモンドも一時この場所で保管されたといわれている。

ラピスラズリ

古代エジプト文明やメソポタミア文明ではアフガニスタンから運ばれたラピスラズリが使われた。アフガニスタンのバダフシャーンでは紀元前3000年にはラピスラズリが掘り起こされていた。紀元前2000年頃、インダス文明はバダフシャーン周辺に集落をつくりラピスラズリの採掘場を開いた。1000年以上の時を経て古代ギリシアやローマにもたらされたのも、この地で掘り出されたラピスラズリであった。

サーエサン鉱山
山から切り出した粗石を運び出す鉱夫。アフガニスタンの北部に位置するサーエサン・ラピスラズリ鉱山にて2001年5月撮影。

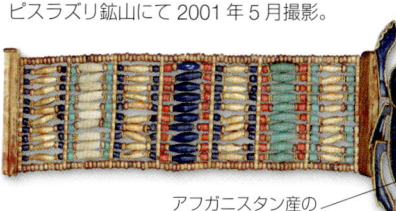

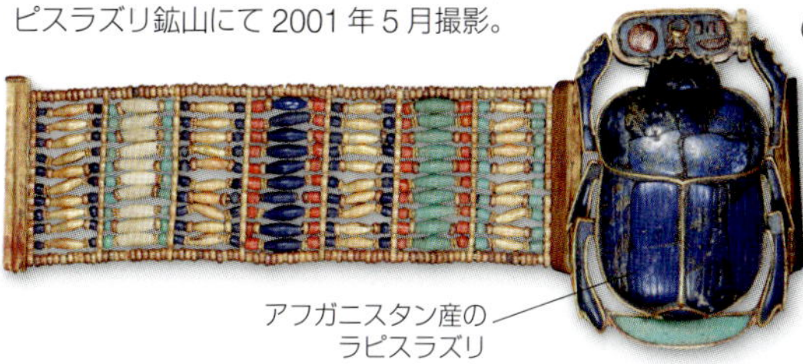

アフガニスタン産のラピスラズリ

古代エジプトのブレスレット
ツタンカーメン王の墓から出土した金とビーズでできたブレスレット。スカラベにはアフガニスタン産のラピスラズリ、底部のはめこみにはトルコ石が使われている。

翡翠

翡翠の一種ネフライトは紀元前6000年の昔から中国で、水磨礫の状態で採掘されていた。メソアメリカではグアテマラ・モタグァ渓谷で産出する翡翠の一種ジェダイトがマヤ文明やアステカ文明で使われた。ニュージーランドの先住民マオリはネフライトを用いて道具、武器、装飾品をつくった。

殷王朝の文様

中国の櫛
猫のような動物のついたネフライトの櫛。殷王朝時代後期（紀元前11〜10世紀）の代表的な翡翠の工芸品。

エメラルド

紀元前1300年頃すでにエメラルドは採掘されていた。古代の宝飾品に使われたエメラルドのほとんどの産地は上エジプトの紅海近くに位置するジャーバルスカイットとジャーバルザブグラー。アレキサンダー大王のエジプト征服後、これらの鉱山はクレオパトラ鉱山と呼ばれるようになった。

古代ローマのイヤリング
3〜4世紀頃の金とエメラルドのイヤリング。現在のフランス・リヨン近郊で見つかった。

エメラルドのビーズ

クレオパトラの鉱山 クレオパトラ鉱山の岩をくりぬいてつくられた寺院の入口に座る現代のアバーブダ族。エジプトの紅海沿いのワディ・エル・ゲマル国立公園内にある。

ソーダライト | Sodalite

性質

- カメオ
- 片面研磨
- ビーズ
- ステップ
- カボション

- 立方晶系
- 5½〜6
- 2.1〜2.3
- 1.45
- ガラス光沢から脂肪光沢

入り混じった色
カボションを施されたソーダライト。青色と白色の入り混じった特徴的な外観を示す。

白色の方解石
不均一な断口
ソーダライトの原石

他の鉱物による斑模様

いろいろな形状

ローズカットのソーダライト 青色一色のめずらしいソーダライト

$Na_4Al_3Si_3O_{12}Cl$

ソーダライト（方ソーダ石）

ナトリウムと塩素を含むアルミノ珪酸塩鉱物。名前はナトリウム（ソーダ）を多く含むことに由来する。多くは塊状の集合体で産出し、重さ数 kg になることもある。粒状で散在もするが、結晶ではめったに産出しない。方解石の脈が入る場合もある。このような石は面白い模様を表すことから彫刻家に好まれる。おもに宝石とされ、カボションカットを施されたりビーズに加工されたりする。カナダのモンサンティレールで産出するとてもめずらしい透明のソーダライトには収集家向けにファセットが刻まれる。

　青色のソーダライトはラピスラズリとよく間違われるが、ソーダライトの方が色が薄いため区別できる。ソーダライトは比重が小さく、化学的にもラピスラズリとは異なる。一部のラピスラズリに見られるようなパイライトも含まない。ただしソーダライトはラピスラズリの主要な構成鉱物である。塊状の石はロシア・コラ半島、ドイツ・アイフェル、インド・ラージャスターン州、カナダ・オンタリオ州、アメリカ・メイン州、アーカンソー州、ニューハンプシャー州で産出する。

Haüyne｜アウイン　135

ブリリアントカットのアウイン
オーバルブリリアントカットを施された、透明度の高い部分を含むアウイン。アウインはとてももろく、研磨されるほど大きな結晶ではめったに産出しない。

小さな結晶

アウインの
小さな宝石質結晶

内部の傷

性質

ラウンドブリリアント　ステップ

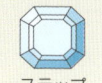

立方晶系
$5½～6$
2.5
$1.49～1.51$
ガラス光沢から脂肪光沢

$Na_3Ca(Al_3Si_3O_{12})(SO_4)$

アウイン（藍方石）

準長石に属し、名前は結晶学の創始者の一人フランスの鉱物学者ルネ・ジュスト・アウイにちなむ。青色、白色、灰色、黄色、緑色、ピンク色を示す。火山岩中で小さな丸い粒状で産出する。結晶は八面体や十二面体を示す。単独の結晶が得られると収集家向けにファセットが刻まれる。完全な劈開を生じやすいためファセットを刻みにくい。ファセットを刻まれた石は大きくても5カラットまでである。

ナトリウムとカルシウム、硫酸イオンを含むアルミノ珪酸塩鉱物。ラズライト、方解石（p.76）、パイライト（p.55）、ソーダライト（p.134）とともにラピスラズリ（p.130～131）を構成する。おもにシリカに乏しい火山岩中、時おり変成岩中で産出する。産地はモロッコ、ドイツ、イタリア、セルビア、ロシア、中国、アメリカ・ニューヨーク州やコロラド州。

スカポライト | Scapolite

性質

- カボション
- ステップ
- ラウンドブリリアント
- 正方晶系
- 5〜6
- 2.5〜2.7
- 1.53〜1.60
- ガラス光沢

たくさんの小さなファセット

オーバルミックスドカットの宝石
透明度の高いスカポライト。たくさん刻まれた小さなファセットによりまばゆく輝く。

スカポライトの結晶

母岩中のスカポライトの結晶

いろいろな形状

スカポライトのカボション
ドームの高いカボションカットを施された薄い紫色の石

無色のスカポライト
ミックスドカットを施された明るく輝く傷のない石

$Na_4(Al_3Si_9O_{24})Cl - Ca_4(Al_6Si_6O_{24})(CO_3SO_4)$

スカポライト（柱石）

無色、白、黄、橙、灰、ピンク、紫色を示す珪酸塩鉱物。 カボションカットを施すとキャッツアイを放つことがある。強い多色性があり、見る角度によって菫色の石が濃青や薄青色、紫色に、黄色い石が淡い黄色や無色に変わる。長さ25cmに成長する結晶もある。無色、やや黄色、ラベンダー色の石はおもに収集家向けにファセットを刻まれる。

　かつては単一の鉱物とされていたが、現在ではカルシウムのアルミノケイ酸塩とナトリウムのアルミノケイ酸塩を端成分とする固溶体と考えられている。宝石質の石は固溶体系列の中間の成分組成である。この固溶体に含まれる鉱物の宝石はたいていスカポライトの名で流通する。おもに変成岩中で産出する。ファセットを刻まれた最初の石はミャンマー産。大きな結晶が得られるのはカナダ・ケベック州やオンタリオ州、タンザニア、アメリカ・ニューヨーク州。

Pollucite | ポルサイト　　137

透明なポルサイト
宝石に適した高い透明度を示す、ペンデロクカットを施された石。完全に透明なポルサイトはめずらしい。

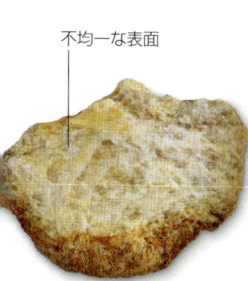

わずかな
くもり

不均一な表面

ポルサイトの破片

(Cs,Na)(AlSi$_2$)O$_6$H$_2$O

ポルサイト（ポルクス石）

1846年に二つの鉱物が発見され、ギリシア神話の双子カストルとポルックスにちなんでそれぞれカストライトとポルックスと命名された。カストライトの方は現在ではペタライト（p. 141）と呼ばれる。ポルサイトはおもに無色や白色を示すが、ピンク色、青色、菫色の石も産出する。硬度6.5～7のため宝石にはあまり用いられない。

　ゼオライトの一種であり、セシウム、ナトリウム、ルビジウム、リチウムを含む複雑な含水アルミノ珪酸塩鉱物である。希土類元素を含む花崗岩ペグマタイト中でのみ産出し、リチア輝石、ペタライト、石英、アパタイト（p.88）などの宝石鉱物を伴う。カナダ・バーニック湖周辺の鉱床には塊状のポルサイトが推定で35万トン埋蔵されている。世界中の埋蔵量の80％以上に相当する。アフガニスタン・カムデシュでは幅60cmになる結晶が産出しているが、ファセットを刻まれる石はもっと小さい。宝石質のポルサイトはイタリア、アメリカでも産出する。

性質

ラウンドブリリアント / カボション

- 立方晶系
- 6½～7
- 2.7～3.0
- 1.51
- ガラス光沢から脂肪光沢

サーペンチン | Serpentine

サーペンチンのカボション
円形にカボションカットを施されたサーペンチン。サーペンチン特有のさまざまな色や組織が現れている。

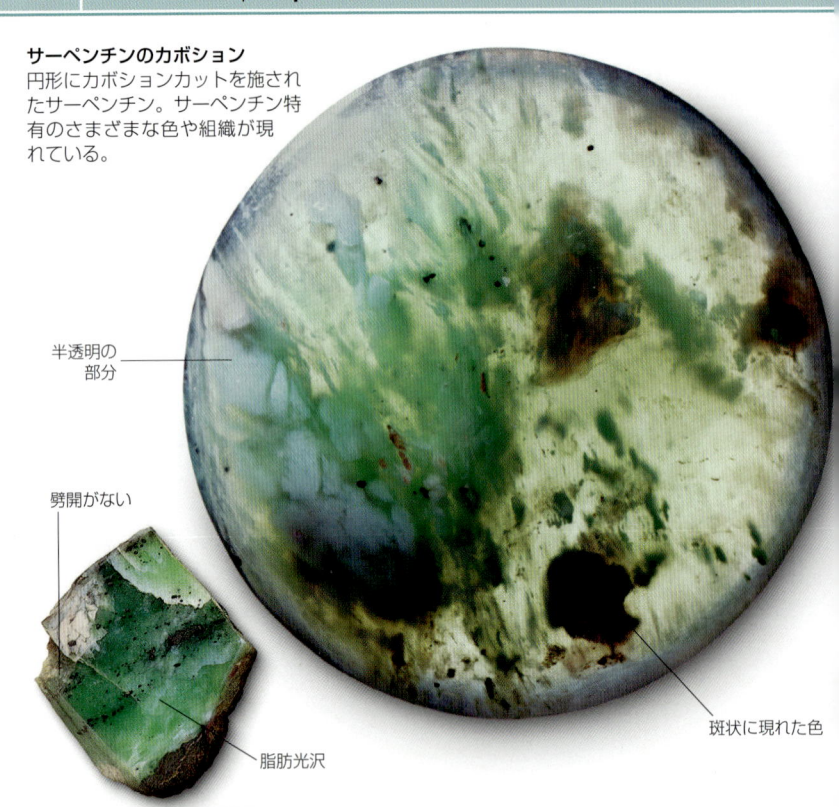

- 半透明の部分
- 劈開がない
- 脂肪光沢
- 斑状に現れた色

緑色のサーペンチンの原石

性質

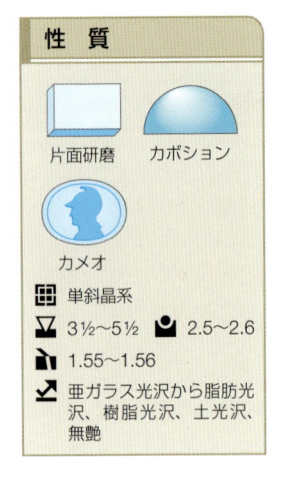

- 片面研磨
- カボション
- カメオ
- 単斜晶系
- 3½〜5½
- 2.5〜2.6
- 1.55〜1.56
- 亜ガラス光沢から脂肪光沢、樹脂光沢、土光沢、無艶

$(Mg,Fe,Ni)_3Si_2O_5(OH)_4$

サーペンチン（蛇紋石）

マグネシウムを含む珪酸塩鉱物のグループ名。 サーペンチンには、化学組成は異なるが外観はよく似る鉱物が16種類以上含まれる。白、やや黄、緑、灰緑色を示す。サーペンチンは大きく4種類に分けられる。アスベストとして利用される繊維状のクリソタイル、波状の板や層を形成するアンチゴライト、細かい粒状や板状を示すリザーダイト、板状や円柱状結晶で産出するアメサイト。いくつかの石が蛇の模様に似ていたことから「蛇のような」という意味のserpentineと命名された。

比較的軟らかくかつ強靭なため研磨された石の用途は広い。宝石質のサーペンチンは翡翠のようにも見えカボションカットを施される。掘り刻めるほど軟らかい石には彫刻が施され印章として利用される。飾り石用に切り出されたサーペンチンはサーペンチンマーブルとも呼ばれる。

ボーウェナイトのペンダント 素材は硬くて緻密なサーペンチンの変種ボーウェナイト。

Soapstone | ソープストーン　139

性質

カメオ 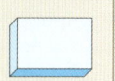　片面研磨

- 三斜晶系または単斜晶系
- 1
- 2.8
- 1.54〜1.62
- 真珠光沢から脂肪光沢

繊維状の構造がはっきり見える

繊維状のソープストーンの原石

ソープストーンの猫
古代エジプトでつくられた猫の彫像。素材はソープストーン。

半透明のソープストーン

いろいろな形状

ピンク色　サイの形に彫られたピンク色のソープストーン。ケニアの工芸品

$Mg_3Si_4O_{10}(OH)_2$

ソープストーン（タルク）

緻密な塊状のタルク（滑石）をはじめ数種類の鉱物は石鹸のような滑らかな触感からソープストーンと呼ばれる。白色、無色、ピンク色、薄から濃緑色、やや黄色から褐色を示す。古代から彫刻、装飾品、道具に利用されてきた。人類が初めて加工した石にはフリント（燧石）の他にソープストーンも含まれていた可能性がある。紀元前2000年頃の古代アッシリアでは円筒印章、古代エジプトではスカラベ彫刻の素材とされた。

　最もよく産出するソープストーンはおもにタルクからなる。タルクはマグネシウムの珪酸塩鉱物。密度も純度も高いタルクをステアタイトという。カナダのイヌイットがステアタイトでつくる動物の彫刻は人気である。とても軟らかいため翡翠やサーペンチン（p.138）とは見分けがつく。中国では半透明で薄い緑色のソープストーン（主成分はタルク）の彫刻がよく売られているが、軟らかさや色を改良するために塗装されている。タルクは脈や、マグネシウムに富む岩石中で産出する変成鉱物であり、シリカに乏しい岩石の変成生成物でもある。タルクのおもな産地は中国、カナダ、アメリカ。

クリソコラ | Chrysocolla

性質

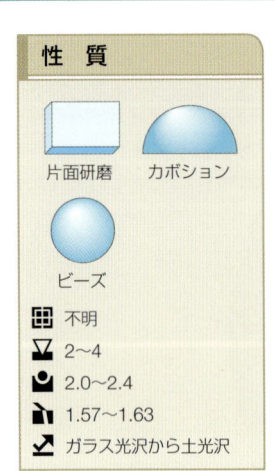

- 片面研磨
- カボション
- ビーズ
- 🔲 不明
- ▽ 2〜4
- ⚖ 2.0〜2.4
- 🔆 1.57〜1.63
- ✨ ガラス光沢から土光沢

塊状の晶癖

珪化したクリソコラの原石

クリソコラのカボション
レクタンギュラーカボションカットを施された青緑色のクリソコラ。赤みを帯びた基質は銅鉱石。

赤みを帯びた銅鉱石

青緑色のクリソコラ

いろいろな形状

カボション 明るい青色を示す珪化したクリソコラのカボション

マラカイトの中のクリソコラ 青緑色のクリソコラの混じるカボション

🧪 $(CuAl)_2H_2(Si_2O_5)(OH)_4 \cdot nH_2O$

クリソコラ（珪孔雀石）

おもに青緑色を示す銅のアルミノ珪酸塩鉱物。細粒状や塊状で産出する、宝石質の石には 2.3kg を超えるものもある。軟らかい鉱物だが、石英、カルセドニー、オパールなどと混じり合って成長（共生）し、硬度と弾性の増した宝石質の変種となることが多い。宝石用語でクリソコラとは鉱物学的に純粋なクリソコラではなく他の鉱物と共生したクリソコラを指す。

半透明で深い青緑色を示す石は宝石として珍重される。イスラエルではクリソコラがマラカイトやトルコ石と共生したエイラットストーンが産出する。かつてソロモン王の鉱山で産出したといわれる石である。

オーバルカボション
ネイティブアメリカン風の銀のブレスレット。石は深い青緑色を示すクリソコラのオーバルカボション。

Petalite | ペタライト　141

性質

- カボション
- ミックスド
- ラウンドブリリアント
- クッション

- 単斜晶系
- 6½
- 2.4
- 1.50〜1.51
- ガラス光沢

完全な劈開

宝石質の半透明な
ペタライトの原石

いろいろな形状

トリアンギュラーカット
破損防止のため角を切り落とされた石

たくさんのファセット

透明な標本

ステップカットのペタライト
クッションステップカットを施された無色のペタライト。

$LiAlSi_4O_{10}$

ペタライト（葉長石）

リチウムを含むアルミノ珪酸塩鉱物。かつてはカストライトと呼ばれていた。完全な劈開を示し葉のように薄くはがれる性質にちなみ「葉」を意味するギリシア語からペタライトと命名された。おもに無色から灰白色だが薄ピンク、黄、緑色も示す。単一の結晶よりも集合体をつくる方が多い。比較的めずらしい無色、透明の石にはもっぱら収集家向けにファセットが刻まれる。もろく劈開に沿って割れやすいためファセッティングには細心の注意が必要であり、装身具には向かない。塊状の石にはカボションカットが施される。

　花崗岩ペグマタイト中でアルバイト（p.125）、石英、レピドライト（リチア雲母）といっしょに産出する。ブラジルではファセットを刻まれるような石や、収集家に供される50カラットほどの石が得られる。カナダ、スウェーデン、イタリア、ロシア、オーストラリア、ジンバブエ、アメリカ・カリフォルニア州やメイン州でも産出する。化学元素のリチウムはペタライトから発見された。ペタライトは現在でも重要なリチウム鉱石である。

メアシャム | Meerschaum

複雑な彫刻

風化した表面

メアシャムの原石

彫刻ビーズ
メアシャムのビーズをつないだネックレス。メアシャムならではの細かな彫刻が施されている。

性質

- カメオ
- 片面研磨
- 斜方晶系
- 2～2½
- 2.1～2.3
- 不透明
- 無艶から土光沢

$Mg_4Si_6O_{15}(OH)_2 \cdot 6H_2O$

メアシャム（海泡石）

鉱物セピオライトの変種。土光沢を示し、粘土のようにも見える緻密な塊状で産出する。多孔質にもなる。鉱物としては本来は軟らかい性質をもつものの、塊状で産出する場合はたいてい繊維の絡み合ったノジュールとなっているため頑丈である。採掘直後は軟らかいが日光に曝されたり、暖かい部屋で乾燥したりすると硬くなる。白色や灰色が多い。黄色、褐色、緑色を示すこともある。

メアシャムからつくられたパイプで煙草を吸うとたくさんの穴に水分とタバコの脂が吸着される。メアシャムは彫刻の素材にも使われる。トルコは一大産地だが1970年代から輸出を禁じている。現在流通するメアシャムのおもな産地はタンザニアである。

パイプ こはくの吸い口とメアシャムの火皿でできたパイプ。彫刻の施されたメアシャムパイプは人気がある。

Phosphophyllite｜フォスフォフィライト 143

美しい青色の石
エメラルドカットを施されたフォスフォフィライト。みごとなカットと高い透明度のあいまった美しい青色の石である。

（ラベル）
- 欠けやすい
- 高い透明度
- フォスフォフィライトの原石
- テーブルファセットを通してパビリオンファセットが透けて見える
- 美しい青色

性質

- ステップ
- 単斜晶系
- 3〜3½
- 3.08
- 1.59〜1.62
- ガラス光沢

$Zn_2(Fe^{2+}Mn^{3+})(PO_4)_2 \cdot 4H_2O$

フォスフォフィライト（燐葉石）

産出量の少ない鉱物であり、その宝石となるとさらにめずらしい。亜鉛を含む含水燐酸塩鉱物。無色から青色を帯びた深い緑色を示す。最も人気が高い色は青色を帯びたほのかな緑色である。原石は博物館や収集家の間ではことのほか珍重される。宝石として希少な理由は、研磨できるほど十分な大きさを備えた結晶は高価すぎて分割できないことと、もろく欠けやすいため簡単にはファセットを刻めないことにある。

　フォスフォフィライトの名前は化学組成（phosphate、リン酸塩）と、ギリシア語で「葉」を意味する phyllon とに由来する。葉のような薄板状に割れる性質をもつ。最高とされる結晶も、市場に出ているファセットを刻まれた結晶もボリビア・ポトシ産だが、この鉱床はすでに枯渇している。現在の産地はアメリカ・ニューハンプシャー州、オーストラリア・ブロークンヒル、ドイツ・ハーゲンドルフ。

性質

- 片面研磨
- カボション
- ステップ
- 斜方晶系
- 6〜6½
- 2.9
- 1.61〜1.64
- ガラス光沢

プレーナイトらしい乳白色

ぶどう状晶癖

母岩

母岩上のぶどうのようなプレーナイト

ほどよい透明度
クッションカットを施された石。ファセットを刻まれた他の宝石と比べると乳白色を帯びているが、プレーナイトならではのほどよい透明度が現れている。

いろいろな形状

オーバルカット
細長い半透明の石

$Ca_2Al_2Si_3O_{10}(OH)_2$

プレーナイト（ぶどう石）

カルシウムとアルミニウムを含む珪酸塩鉱物。名前は発見者であるオランダの提督ヘンドリック・フォン・プレーンにちなむ。細粒から粗粒の結晶が集まり球状や鐘乳石状で産出する。単一の結晶はめったに得られない。油っぽい光沢を放ち、淡い緑色から緑色を示すことが多い。黄褐色、淡黄色、灰色、白色も示す。黄色を帯びた淡い褐色の繊維状の石にカボションカットを施すとキャッツアイが現れる。収集家向けとして、半透明の小さめの石にファセットが刻まれることもある。

　プレーナイトは火山岩の空隙を埋めたり、花崗岩の中で鉱物脈をつくったりする。半透明の石はオーストラリアやスコットランドで産出する。時おり透明に近い結晶も伴う。カナダでは長さ数 cm の結晶が産出する。その他の産地はインド、パキスタン、ポルトガル、ドイツ、日本、アメリカ。南アフリカ産の緑色のプレーナイトはカットを施されケープエメラルドの名で流通する。

Enstatite | エンスタタイト   145

性質

エメラルド　カボション

- 斜方晶系
- 5～6
- 3.1～3.9
- 1.65～1.68
- ガラス光沢

キャッツアイ

キャッツアイを示すカボション
ドームの高いカボションカットを施されたエンスタタイト。繊維構造とキャッツアイが見える。

繊維構造

柱面

端面

エンスタタイトの原石

いろいろな形状

ファセットを刻まれた石
美しい色と高い透明度を示すオーバルカットの石

$Mg_2Si_2O_6$

エンスタタイト（頑火輝石）

マグネシウムを含む珪酸塩鉱物。輝石に属し、輝石の中ではさほどめずらしくない。無色、淡黄色、淡緑色を示し、鉄の含有量の増加に伴って色が濃くなり緑褐色から黒色を示す。エメラルドグリーンのエンスタタイトはクロムエンスタタイトと呼ばれ、とくにカット宝石として人気が高い。緑色は微量のクロムに起因する。黄色や緑色以外の色を示す石に宝石質のものは少ない。宝石質の石にはファセットを刻んだり、カボションカットを施したりする。

　エンスタタイトの名前は「反対」を意味するギリシア語 enstates に由来する。耐熱材としてかまどの内張りに利用したことにちなむ。おもにシリカに乏しい火成岩中で産出し、広い範囲に分布する。インドでは宝石質の石、カナダではイリデッセンスを示す石、ミャンマーとスリランカでは質の高いファセット向きの石、アメリカ・アリゾナ州では無色、薄い緑色、褐色のファセット向きの石が産出する。

ダイオプサイド | Diopside

性質

- カボション
- ステップ
- ビーズ
- ラウンドブリリアント

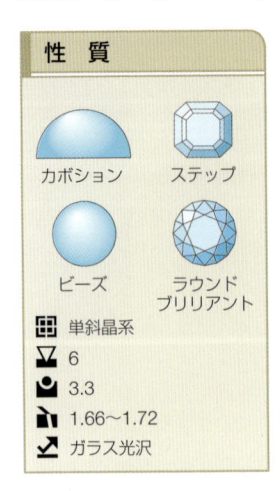

- 単斜晶系
- 6
- 3.3
- 1.66〜1.72
- ガラス光沢

母岩中のダイオプサイド
ダイオプサイドの結晶

クロムダイオプサイド エメラルドカットを施されたクロムダイオプサイド。一番人気のある緑色を示す。
クロムに起因する緑色

いろいろな形状

ステップカット 一部欠けているレクタンギュラーステップカット

エメラルドカット 美しい緑色のエメラルドカット

$CaMg(Si_2O_6)$

ダイオプサイド（透輝石）

カルシウムとマグネシウムを含む珪酸塩鉱物。輝石に属する。短柱状結晶、繊維状の塊、大きな柱状結晶の集合体で産出する。濃い暗緑色、薄い緑色、褐色、青色、無色を示す。鉄の含有量が多くなるにつれて色が濃くなり、密度が増す。クロムを含み深い緑色を示す変種クロムダイオプサイドは珍重され収集家向けにファセットを刻まれる。マンガンを含み菫青色を示す結晶はビオランと呼ばれる。ビオランはイタリアやアメリカで産出しこちらも収集家から高く評価される。くもったように見える繊維状のダイオプサイドにカボションカットを施すとキャッツアイやスターが現れる。塊状の石はビーズに加工される。

クロムダイオプサイドはシベリア、ミャンマー、パキスタン、南アフリカ・キンバリーダイアモンド鉱山で産出する。ファセット向きの石はオーストリア、イタリア、スリランカとブラジルの宝石礫、カナダ、アメリカで、カボションを施すとスターが現れる濃い緑色から黒色の石はインド南部で産出する。

Hiddenite | ヒッデナイト

ナベットカットのヒッデナイト
内部に傷のない4.69カラットのヒッデナイト。三角形と長方形のファセットを組み合わせたファンシーカットの一種ナベットカットが施されている。

ミックスドカット

ガラス光沢

薄い緑色のヒッデナイト

LiAl(Si$_2$O$_6$)

ヒッデナイト

リチウムを含むアルミノ珪酸塩鉱物スポジューメン（リチア輝石）の変種。 淡い緑色からエメラルドグリーンを示す。スポジューメンでは長さ14.3mの単結晶が産出しているが、ヒッデナイトの結晶は小さく、めったに25mmを超えない。強い多色性があり、見る方向によって緑色、青緑色、黄緑色と変化する。このためファセットを刻むときは色の現れ方を考慮して向きを決めなければならない。天然に産出するヒッデナイトの色は微量のクロムに起因するが、アフガニスタンやパキスタン産の緑色のスポジューメンには放射線が照射（p.32）されているようである。これを真のヒッデナイトとするかどうかは議論が分かれている。

　ヒッデナイトの名前はヒッデナイトを独立した鉱物として確認した地質学者ウィリアム・アール・ヒデンにちなむ。最初の標本は1879年頃アメリカ・ノースカロライナ州でエメラルドといっしょに採掘され、しばらくの間は「リチアエメラルド」と呼ばれていた。ブラジル、中国、マダガスカルでも産出する。

性質

- ミックスド
- ステップ
- ラウンドブリリアント
- 単斜晶系
- 6½〜7
- 3.0〜3.2
- 1.66〜1.67
- ガラス光沢

クンツァイト | Kunzite

性質

- ステップ
- ミックスド
- ラウンドブリリアント
- 単斜晶系
- 6½〜7
- 3.0〜3.2
- 1.66〜1.67
- ガラス光沢

天然のインクルージョン

条線

宝石質のクンツァイト

エメラルドカットのクンツァイト
エメラルドカットを施されたクンツァイト。パビリオンを深くすることによって色が濃くなっている。

いろいろな形状

ハート形の宝石
大きなハート形にファセットを刻まれた薄い色の石

$LiAl(Si_2O_6)$

クンツァイト

スポジューメン（リチア輝石）の変種。ピンク色を示す。1902年にアメリカの鉱物学者G. F. クンツがこの鉱物に関する最初の記録を残したことにちなみ命名された。クンツァイトは輝石に属する。宝石質のクンツァイトには強い多色性があり、見る方向によって異なる色を示す。このため宝石の上部から最高の色が見えるように慎重に研磨しなければならない。クンツァイトなどスポジューメンの宝石にはたいていファセットが刻まれる。いずれも裂けやすい性質をもつため、研磨の際には方向を正確に決めておかないとはがれ落ちてしまうことがある。

おもにリチウムを含む花崗岩ペグマタイト中で産出する。産地はアフガニスタン、ブラジル、マダガスカル、アメリカ。

ピカソのネックレス パロマ・ピカソのデザインしたネックレス。396.30カラットのアフガニスタン産クンツァイトがあしらわれている。

Hypersthene｜ハイパーシーン

厚いガードル部

欠けないように
わずかに丸みを
帯びた角

条線

ハイパーシーンの原石

ステップカットのハイパーシーン
ステップカットを施されたハイパーシーン。ファセットを刻まれたハイパーシーンはよい色を示すが透明度と輝きを欠くことが多い。

性質

カボション
ミックスド
ステップ

- 斜方晶系
- 5½
- 3.3
- 1.65〜1.67
- ガラス光沢

いろいろな形状

葉模様の刻まれたカボション
板状のインクルージョンを含む

$Mg,Fe(Si_2O_6)$

ハイパーシーン（紫蘇輝石）

ハイパーシーンという名前は「優れた」と「強度」を意味するギリシア語 hyper と stenthos に由来する。よく間違われる鉱物、普通角閃石よりもはるかに硬い性質にちなむ。灰色、褐色、緑色を示すことが多い。ヘマタイトやゲーサイトのインクルージョンを含むと銅のような赤色のイリデッセンスが現れる。色が濃いためファセットには向かず、おもにカボションカットが施される。ファセットを刻むと強い色調を示すが、くもることが多い。

輝石に属する珪酸塩鉱物。エンスタタイト（p. 145）とフェロシライト（鉄珪輝石）のつくる固溶体系列の中間の組成をもつ。同じ固溶体の中に緑褐色を示す不透明から半透明のブロンザイト（古銅輝石）もある。ハイパーシーンは火山岩や変成岩中で産出する。宝石質の石はおもにインド、ノルウェー、ドイツ、グリーンランドで産出する。

ジェダイト | Jadeite

性質

- ビーズ
- 片面研磨
- カボション
- カメオ
- 単斜晶系
- 6〜7
- 3.2〜3.4
- 1.66〜1.68
- ガラス光沢から脂肪光沢

粒状で不均一な表面

ライラック紫色のジェダイト

よく磨かれた表面

ジェダイトの仏像
斑模様のある緑色のジェダイトを彫ってつくられた笑う仏の像。

$Na(Al,Fe)Si_2O_6$

ジェダイト（硬玉、翡翠輝石）

輝石に属する。ネフライト（p.153）とともに翡翠（ジェイド）と呼ばれるが、ネフライトは角閃石に属する。ジェダイトは微細な短柱状結晶が重なり合い、砂糖のような粒状組織を示し、一方ネフライトは繊維質組織を示すことから区別される。またジェダイトは色の幅が広いがネフライトは限られている。

純粋なジェダイトは白色。鉄を含むと緑色、マンガンと鉄を含むとライラック紫色、その他にも内包する鉱物によってピンク色、褐色、赤色、青色、黒色、橙色、黄色を示す。エメラルドグリーンの石はインペリアルジェイドと呼ばれ最も珍重される。インペリアルジェイドの色はクロムに起因する。ジェダイトは風化すると表面が褐色になり彫刻素材とされることが多い。

高圧で生成した変成岩中でよく産出する。多くは漂砂中から大小の礫として採取されるが、生成した場所でも得られる。ミャンマーはジェダイト、とくにインペリアルジェイドの一大産地。日本やグアテマラでも産出する。

ジェダイトの鼻煙壺
細やかな彫刻の施された鼻煙壺。色の濃い部分に蓮の花とアヒルが描かれている。

Jadeite | ジェダイト

緑色のジェダイト
暗い緑色のジェダイトの切片。白色とクリーム色の筋が入っている。

薄い色の脈

マンガンによって菫色に着色

ラベンダー色のジェダイト
よく磨かれたジェダイトの平板。とても人気の高いラベンダー色を示す。

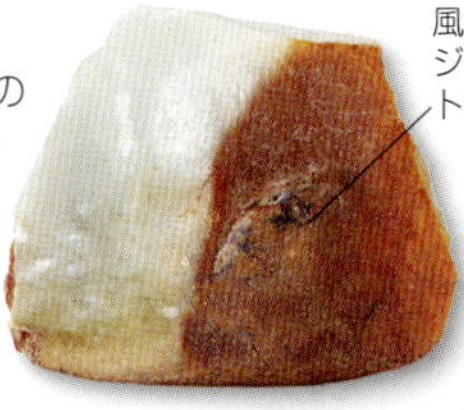

研磨された原石
一部研磨された褐色のジェダイト。風化して生成した皮殻で覆われている。

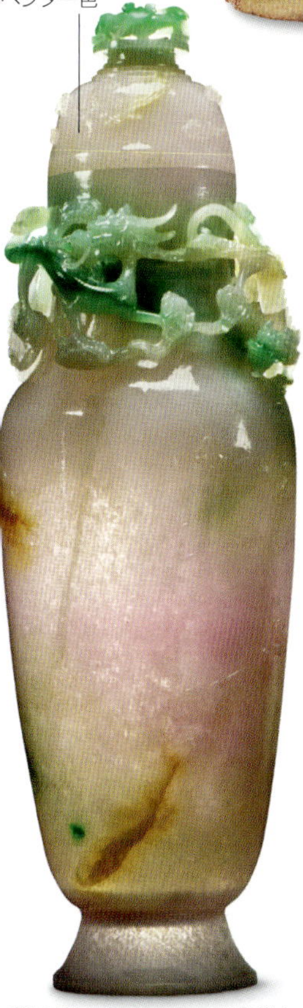

風化したジェダイトの「皮」

古い時代の研磨方法に特徴的なたくさんの小さなくぼみ

メキシコの仮面
メキシコで灰緑色のジェダイトからつくられた仮面。

めずらしいラベンダー色

灰緑色

まだらな色

ジェダイトの玉
緑色のジェダイトからつくられた玉。

ジェダイトのネックレス
半透明なジェダイトのネックレス。ビーズの色がそろえられている。

龍の壺 ミャンマーで産出しためずらしいラベンダー色のジェダイトの壺。高さ50cm。スミソニアン博物館所蔵。

オルメカ文明

メソアメリカで最初に翡翠を利用したのはオルメカ人。今からおよそ3000年前、オルメカの人々は現在のグアテマラやコスタリカで産出したジェダイトに彫刻を施していた。メキシコを含む中央アメリカでは翡翠は金よりも価値があるとされ、仮面、神の彫像、儀式の道具など大切なものには翡翠が使われた。

オルメカ文明の斧頭
神に捧げた斧頭。紀元前1200～前400年にジェダイトでつくられた。

ロードナイト | Rhodonite

オーバルカボション画像の注記:
- マンガンの酸化鉱物のつくる黒い脈
- 濃い色

原石画像の注記:
- 不平坦な割れ口
- ガラス光沢

単色のロードナイトの原石

ロードナイトのオーバルカボション
きれいな赤色の中に黒色の脈が現れている。黒い脈の入った石は宝石のつくり手にも買い手にも人気である。

性質

片面研磨	カボション
ステップ	カメオ

- 三斜晶系
- 6
- 3.5～3.7
- 1.71～1.73
- ガラス光沢

$(Mn,Ca)_5(Si_5O_{15})$

ロードナイト（バラ輝石）

独特のバラ色を示し、その名前も「バラ」を意味するギリシア語 rhodon に由来する。丸い結晶、塊状や粒状で産出し、ほとんどが半貴石の宝石や飾り石とされる。多くはマンガンの酸化鉱物による黒色の脈や斑状の模様をもつ。研磨職人はピンク色一色の石よりも黒い脈の入った石を好む。比較的頑丈な塊状のロードナイトはカボションカットを施されたりビーズに加工されたりする。彫刻素材にもよく使われる。まれに透明な結晶で産出するが、とてももろいため注意してファセットを刻まなければならない。ファセットはもっぱら収集家向けに施される。

さまざまなマンガン鉱床で産出し、比較的広い範囲に分布する。

石彫りの箱
ロードナイトを細かく彫ってつくられた細長い箱。表面の黒い筋は珍重される。

Nephrite | ネフライト 153

滴の形のカボション
ほぼ半透明のネフライトの滴形のカボション。研磨したネフライトに特徴的なオレンジピール（研磨によって生じた無数のくぼみ）が現れている。

単一の色

「オレンジピール」

切断された表面

絡み合った構造

内部の品質を見るために切断された翡翠の原石

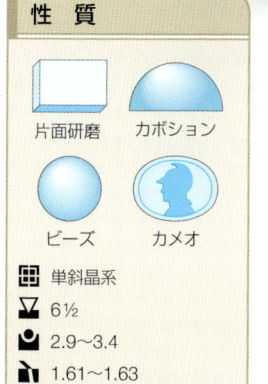

性質

片面研磨 / カボション / ビーズ / カメオ

- 単斜晶系
- 6½
- 2.9〜3.4
- 1.61〜1.63
- 無艶から蝋光沢

$Ca_2(Mg,Fe)_5(Si_8O_{22})(OH)_2$

ネフライト（軟玉）

ジェダイトとともに翡翠（ジェイド）と呼ばれる鉱物。
単独の鉱物種の名前ではなく、頑丈で緻密な塊状で産出したトレモライト（透閃石）とアクチノライト（緑閃石）を指す。トレモライトもアクチノライトもカルシウムとマグネシウムを含む珪酸塩鉱物であり、同じ結晶構造をもつ。ネフライトは含有する元素によって色が異なる。鉄が多いと暗い緑色、マグネシウムに富むとクリーム色を示す。純粋なトレモライトからなる白色の変種はマトンファットジェイド（羊脂玉）と呼ばれる。繊維状の結晶が密に絡み合った組織からなるため鋼よりも強靭である。
　中国では紀元前1世紀に翡翠に彫刻を施していた。マオリ族は何世紀にもわたって翡翠から武器や装飾品をつくってきた。

ネフライトの小さな像 ニュージーランドのマオリ族によってネフライトからつくられたヘイティキ（人をかたどったお守り）。

中国の翡翠

中国では新石器時代（紀元前 6000 年）の頃から翡翠に加工を施していた。はじめはつくりの粗い儀式用の道具だったが、技術の進歩とともに複雑さと美しさを備えるようになり今日の翡翠彫刻に至る。

文化との結びつき

中国文化における翡翠の価値はヨーロッパ文化における金や銀の価値に相当する。中国では翡翠には疲労を予防したり、遺体の腐敗を遅らせたりする神秘的な力があると考えられた。またその美しさ、硬さ、高い耐久性から人間の美徳とも関連づけられた。翡翠からつくられた六つの器物が副葬品として遺体といっしょに埋葬された時代もある。

翡翠の円盤 後期周王朝（紀元前 300 年頃）に翡翠からつくられた円盤。空と太陽を表すと考えられている。

古代中国の翡翠

中国で最初に人の手が加えられた翡翠は長江流域で産出したネフライトである。紀元前 4000 年頃には中国の広い範囲でネフライトが加工されていた。紀元前 2000 年頃には複雑な装飾品や副葬品が彫られていた。中国以外ではニュージーランドのマオリ族がネフライトの強靭性に着目して斧など切る道具の素材として利用した。

埋葬に使われた翡翠
翡翠の飾り板。埋葬用の葬服にはこのような色や模様のネフライトが使われた。

葬服
翡翠でつくられた前漢時代（紀元前 206～紀元 9 年）の葬服（玉衣）。ネフライトの薄い板が金の撚糸でつなぎ合わせられている。

彫刻の様式

最初の頃につくられた翡翠の彫り物は生活道具をかたどったもので儀式に用いられた。紀元前18世紀には時代ごとの文化様式を反映した装飾品が彫られるようになり、この流れは続く諸王朝にも受け継がれた。ミャンマーからジェダイトが入ってきたのは1800年頃。現代中国の翡翠彫刻にはミャンマー産のパステル色のジェダイトが使われる。

添えられた葉

翡翠の鹿
母鹿と子鹿を表す翡翠の彫刻。18世紀につくられた。

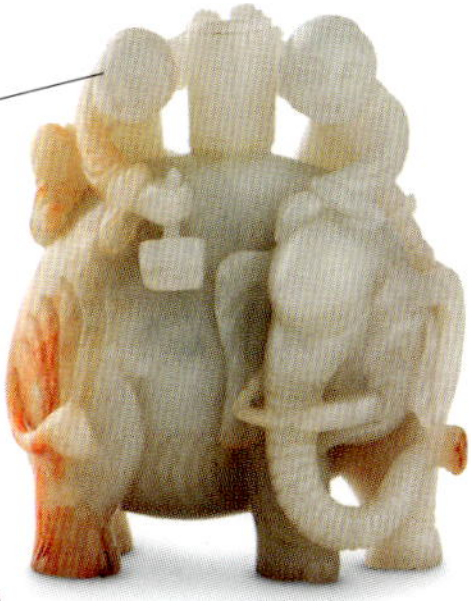

象を洗う男性

象の彫刻
色の変化が現れているネフライトの彫刻。明王朝(1368〜1644年)後期につくられた。

道教の仙人
緑色の翡翠でつくられた彫像。愛情深く子どもと戯れる老人として仙人が表されている。

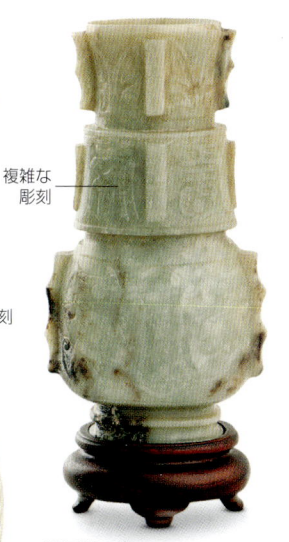

複雑な彫刻

天然の色の変化

細かな彫刻

清王朝の彫刻
中国で産出した白色のネフライトの彫刻。社殿と松と人のいる庭園が表されている。清王朝の後期(1880年頃)につくられた。

明王朝の壺
表面に細かい細工の施された高さ12cmの翡翠の壺。明王朝(1368〜1644)の時代につくられた。

金糸でつながれている

ダイオプテーズ | Dioptase

エメラルドカットのダイオプテーズ
エメラルドカットを施されたみごとな色の石。たくさんのインクルージョンを内包している。ダイオプテーズは内部に傷のあることが多くもろい。

ベール状に広がる内部の泡

みごとな結晶

宝石質のダイオプテーズ

性質

ステップ
ラウンドブリリアント

- 六方晶系または三方晶系
- 5
- 3.3
- 1.67〜1.72
- ガラス光沢から脂肪光沢

$CuSiO_3(H_2O)$

ダイオプテーズ（翠銅鉱）

明るい緑色を示す結晶はエメラルド（p.169）にとてもよく似る。このためカザフスタンの鉱床で採掘された結晶がエメラルドと間違われ、1797年にロシア皇帝パーヴェル1世に献呈されたという出来事もあった。柱状結晶には透明度の高いものがある。透明な結晶は弱い多色性も示す。深い色をした半透明の結晶も産出する。軟らかいうえに劈開に沿って割れやすいため、鉱物標本を扱う際にも注意が必要なほどである。このような性質でなければエメラルドに匹敵する宝石となっていたであろう。もろいが人気の鉱物であり、収集家向けにはファセットが刻まれる。ダイオプテーズの宝石は機械的な衝撃に弱いため超音波で洗浄すると砕ける。

銅鉱脈の酸化帯で生成する。ダイオプテーズの名前は「通して」と「見える」を意味するギリシア語 dia と optazein に由来する。壊れていない結晶の内部にしばしば劈開面が見えることにちなむ。

Sugilite｜スギライト 157

性質

- カボション
- 片面研磨
- 六方晶系
- 5½〜6½
- 2.7〜2.8
- 1.60〜1.61
- ガラス光沢

オーバルカボション
濃い紫色のスギライト。ドームの高いオーバルカボションカットを施されている。

高いドームのカボション

紫色

母岩中のスギライト

塊状のスギライト

深く濃い色

いろいろな形状

4分の1のカボション
めずらしい形のカボションカットを施された濃い色のスギライト

$KNa_2(Fe,Mn,Al)_2Li_3Si_{12}O_{30}·H_2O$

スギライト（杉石）

1944 年に発見されていたが、新鉱物として認められたのは 1976 年である。スギライトの名前は日本の岩石学者、杉健一にちなむ。さまざまな量の鉄、アルミニウム、マンガンを含む。淡いピンク色から濃いピンク色、黄褐色、紫色を示す。マンガンの存在によってピンク色から紫色まで変化し、鉄が多いと紫色、アルミニウムが多いとピンク色となる。多くは塊状か粒状で産出する。結晶はめずらしいが見つかる場合は柱状で小さく、幅は 2cm に満たない。スギライトは比較的新しい宝石である。宝石として利用されるときはかならずカボションカットが施される。円礫は鮮やかな紫色を示すため珍重され、タンブリング研磨されることもある。塊状のスギライトはルブライトの名前でも流通している。

　カリウムとナトリウムとリチウムを含む珪酸塩鉱物。変成マンガン鉱床や大理石の中で産出する。産地はカナダ・モンサンティレール、愛媛県岩城島、南アフリカ・クルマン、イタリア・ファッジョナなど。

アイオライト | Iolite

性質

- ステップ
- オーバルブリリアント
- ラウンドブリリアント
- 単斜晶系
- 7～7½
- 2.6
- 1.53～1.55
- ガラス光沢から脂肪光沢

同じ形のファセット

チェッカーボードカットのアイオライト チェッカーボードカット（四角いファセットが市松模様状に並んだカット）が施されたアイオライト。

アイオライトの柱状結晶

母岩中の宝石質のアイオライト

いろいろな形状

カボション 角の丸いスクエアカボションを刻まれた深い青色のアイオライト

ブリリアントカット 複雑なブリリアントカットを施されたアイオライト

$(Mg,Fe)_2Al_4Si_5O_{18}$

アイオライト（菫青石 きんせいせき）

宝石質の青いコーディエライト（菫青石）をアイオライトという。ほとんどが菫色を示すことにちなみ、名前も「菫」を意味するギリシア語からつけられた。多色性があり、ある方向からは強い青色、別の方向からは黄灰色または青色、さらにもう一方向からはほぼ無色に見える。その色からウォーターサファイアという通称もある。結晶は柱状を示す。柱状結晶の伸長方向から見ると最も美しい青色が現れる。最高の色を得られるように注意深く向きを決めてファセットが刻まれることが多い。

　マグネシウムと鉄とアルミニウムを含む珪酸塩鉱物。高温変成作用を受けたアルミニウムに富む岩石中で生成し、幅5cmまでの結晶として産出する。スリランカ、ミャンマー、マダガスカルの宝石礫からは円礫が得られる。インドのチェンナイは一大産地。カナダでは美しい結晶が産出する。

Benitoite｜ベニトアイト 159

性質

- ラウンドブリリアント
- ステップ
- 六方晶系
- 6½
- 3.7
- 1.76〜1.80
- ガラス光沢

高い透明度と強い輝き

結晶面

ベニトアイトの宝石質の結晶片

美しい青色のベニトアイト
ブリリアントカットを施された石。ベニトアイトはきれいな青色を示す希少な宝石である。

いろいろな形状

ブリリアントカット
たくさんのファセットを刻まれたベニトアイト

$BaTiSi_3O_9$

ベニトアイト

カリフォルニア州の公式宝石に指定されている。1906年にカリフォルニア州サンベニト川の近くで発見され、名前もこの地名に由来する。バリウムとチタンを含むとてもめずらしい珪酸塩鉱物である。水銀と銅の鉱化帯を探していた探鉱者が発見したといわれている。発見したときは青色に輝く結晶をサファイアと間違えたそうだ。ベニトアイトといえば明るい青色で有名だが、カリフォルニアの鉱床では無色やピンク色の結晶も産出する。

とても強く光を分散しダイアモンド（p.50〜51）とよく似たファイアを示すが、色が濃いためたいていその効果は隠される。結晶を上からではなく横から見ると最も美しい色が現れる。このためカット石の大きさが限られる。カット石にはたいていファセットが刻まれるが、もっぱら収集家向けである。宝石は小さく、めったに3カラットを超えない。日本やアメリカ・アラスカ州でも少量だが産出する。

エルバイト | Elbaite

性質

- ラウンドブリリアント
- カメオ
- 片面研磨
- ステップ
- 六方晶系または三方晶系
- 7～7½
- 3.0～3.1
- 1.61～1.64
- ガラス光沢

複雑なファセット

柱状結晶

透明な黄緑色のエルバイト

黄緑色のエルバイト
トリアンギュラークッションカットを施された標本。エルバイトは濃い緑色または赤色を示すとされているが、実際は黄緑色が多い。

$Na(Li_{0.5}Al_{0.5})_3Al_6(BO_3)_3Si_6O_{18}(OH)_3(F)$

エルバイト（リチア電気石）

トルマリン（電気石）に属する11種類の鉱物のひとつ。 多くのトルマリンは色が濃く不透明で、とくに目を引く特徴はなく、宝石とされるのはおもにエルバイトと、産出量の少ないリディコアタイトである。リディコアタイトはエルバイトとほぼ区別がつかない。

多くは断面が独特の「角の丸い三角形」をした細長い、美しい形の結晶で産出する。エルバイトとリディコアタイトには色の異なる変種がある。インディコライト（青色）、アクロアイト（無色）、ルベライト（ピンク色または赤色）、ベルデライト（緑色）。一番人気はピンク色と緑色だが、エメラルドグリーンの方が希少で価値が高い。一つの石の中にピンク色と緑色が現れるウォーターメロントルマリンもある。色の変化は上下だけでなく、同心円状に現れる場合もある。宝石とされるトルマリンで最も多い色は黄緑色である。エルバイトには強い多色性があり、見る角度により異なる色を示すため研磨の際には石の向きを慎重に決めなければならない。

アメリカ・サンディエゴで産出する赤色と緑色のエルバイト、ブラジルで産出するウォーターメロン、マダガスカルとモザンビークで産出する赤色の柱状結晶はいずれもみごとである。エメラルドグリーンの石の多くはブラジル、ナミビア、タンザニアで産出。

Elbaite | エルバイト

古代の宝石

エルバイトはイタリア・エルバ島で2000年以上にわたって採掘されてきた。名前もエルバ島にちなむ。1世紀頃にローマでつくられたピンク色のエルバイトのカメオや、1000年頃に北欧でつくられたピンク色のエルバイトのカボションを留めた金の指輪が発掘されている。

ローマ時代のカメオ
アレキサンダー大王の顔が彫られたエルバイトのカメオ。

ルベライトの指輪
ステップカットを施された50カラットを超えるルベライト（赤色のエルバイト）のあしらわれたプラチナの指輪。アクセントにダイアモンドが添えられている。

ダイアモンドのアクセント

ガードル部

オーバルブリリアントカットのアクロアイト
アクロアイトは無色のエルバイト。

平行な条線

インディコライトの原石
インディコライト（青色のエルバイト）の宝石質の結晶。透明の部分がある。

繊維が見える

ルベライトのカボション
ルベライト（赤色のエルバイト）のカボション。鋭いキャッツアイが現れている。

アーツ・アンド・クラフツ運動時代のピン
丁寧につくられた金の枠にバゲットカットの濃い緑色のエルバイトがあしらわれたピン。1920年代の作品。

きれいなエメラルドグリーン

中心部はベライト

ウォーターメロンの断片
上写真のような断片は装身具にあしらわれることが多い。

同じ石に現れたピンク色と緑色

ウォーターメロン
巧みに刻まれた石。一つの石の中に二つの色が見える。

鮮やかな色の外観

パライバ ブラジル、モザンビーク、ナイジェリアで産出するエルバイトの一種パライバ。多くが「ネオン」色を示す。

研磨された表面

条線

タンブリング研磨されたショール
タンブリング研磨され、インクのように黒々とした外観を示すショール。

ショールの結晶

性質

カボション　ビーズ　ステップ

- 六方晶系または三方晶系
- 7〜7½
- 3.0〜3.1
- 1.61〜1.64
- ガラス光沢

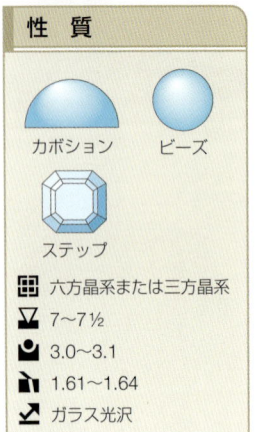

$NaFe^{2+}_3Al_6(BO_3)_3Si_6O_{18}(OH)_3(OH)$

ショール（鉄電気石）

ホウ素を含む珪酸塩鉱物。トルマリンの一種である。鉄トルマリンとも呼ばれ、トルマリンの中で最もよく産出する。鉄に富むため不透明な黒色を示し、みごとな結晶体と美しい鉱物標本が珍重される。柱状結晶は長さ数 m に成長することもある。19 世紀半ば、ビクトリア朝時代には丸いカボションやファセットを刻んだカボションのショールが喪に服するときの黒い装身具として用いられた。ジェット（p.204）も葬礼用の装身具とされたが、ショールよりも軽く、軟らかいことから両者は区別される。現在ではショールを宝石として研磨することはめったにない。研磨する場合はファセットを刻んだカボションカットが多い。ショールのカット石をあしらった古い宝石はたくさん残っている。

ショールという名前は中世後半に、価値のあるスズ鉱物といっしょに産出することにちなんで「無価値」という意味の言葉からつけられた。質の高い石はブラジル、ドイツ、フィンランド、アフガニスタン、アメリカで得られる。

Dravite | ドラバイト

性質

- オーバルブリリアント
- ミックスド 
- ステップ 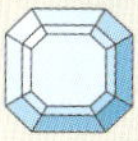
- 六方晶系または三方晶系
- 7〜7½
- 3.0〜3.1
- 1.61〜1.64
- ガラス光沢

ミックスドカットのドラバイト
色の濃いドラバイトの標本。輝きを最大限に引き出すよう複雑なミックスドカットが施されている。

美しい色と高い透明度

結晶の端面

典型的なドラバイトの結晶

複雑なファセット

いろいろな形状

ファセット 薄い色のドラバイトのビーズ

$NaMg_3Al_6(BO_3)_3Si_6O_{18}(OH)_3(OH)$

ドラバイト（苦土電気石）

トルマリンに含まれる 11 種類の鉱物のひとつ。他のトルマリンとは化学組成の違いによって区別される。ナトリウムに富むトルマリンのひとつでもある。すべてのトルマリンと同じく非常に複雑な化学組成と結晶構造をもつ。黒色から褐色を示し、おもに褐色の石が宝石として研磨される。褐色の多くは加熱すると色が薄くなり、たいてい金色を帯びた鮮やかな褐色に変わる。強い二色性があり、見る角度によって異なる色が現れる。最も濃い色は結晶の伸長方向に沿って現れる。このため宝石用には一般に色が濃く見えすぎないよう結晶の横面と平行に切断する。

ドラバイトの名前はスロベニア・ドラーヴァ川にちなむ。トルマリンは風化しにくいため砂礫の中に集積するが、ドラバイトはペグマタイトの中から採掘される。産地はブラジル、カナダ、スリランカ、メキシコ、オーストラリア、アメリカ。

164　アクアマリン | Aquamarine

性質

- オーバルブリリアント
- ラウンドブリリアント
- ステップ
- ミックスド

- 六方晶系
- 7½
- 2.7
- 1.58〜1.59
- ガラス光沢

錐状の端面

アクアマリンの青緑色の柱状結晶

複雑なファセット

オーバルブリリアントカットのアクアマリン
青緑色を示すアクアマリン。複雑なオーバルブリリアントカットを施されている。

美しい青緑色

いろいろな形状

キャッツアイ
カボションカットを施された繊維状組織のアクアマリン

ステップカット
アクアマリンで好まれるカット方法

ペンデロクステップカット
透明度も色も申し分のないアクアマリン

$Al_2Be_3Si_6O_{18}$

アクアマリン

ベリル（緑柱石）の変種。微量の鉄を含むことにより緑がかった青色を示す。宝石とされるベリルの変種の中で最もよく産出する。ギリシア神話の海神ポセイドンを刻んだアクアマリンのお守りは船乗りを海難から守ると信じられた時代もあった。19世紀頃は海緑色の石が珍重され、現代は空青色が好まれる。

　アクアマリンという名前は「海の水」を意味する。多くはペグマタイト中の空隙か沖積層で産出する。結晶はエメラルドよりもたいてい大きく透明度が高い。最も多く産出するブラジルでは110kgの透明結晶も得られている。アメリカの産地アンテロ山は北アメリカで最も高地にある宝石の産地でもある。

アールデコの指輪　大きなアクアマリンと小さなダイアモンドがあしらわれたプラチナの指輪。

Morganite｜モルガナイト 165

性質

ミックスド／ステップ

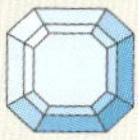

- 六方晶系
- 7½
- 2.7
- 1.58～1.59
- ガラス光沢

オーバルミックスドカットのモルガナイト
オーバルミックスドカットを施されたピンク色のモルガナイト。パビリオン部にはステップカット、クラウン部にはブリリアントカットが施されている。

形よく成長した結晶

モルガナイトの美しい結晶

ステップカットとレクタンギュラーファセットの組合せ

濃い色

いろいろな形状

ペンデロクカット
透明度の高い石

オーバルブリリアントカット カットの効果により色が濃く見える

$Al_2Be_3Si_6O_{18}$

モルガナイト

ベリルの変種。ピンク色を示し、ピンクベリル、ローズベリル、ピンクエメラルド、セシアンベリルとも呼ばれる。不純物のマンガンによってピンク色、ピンク色を帯びた黄色、桃色、ローズライラック紫色、橙色に着色する。黄色や橙色の石を加熱してピンク色に変えることもある。結晶の多くは青色とほぼ無色と桃色またはピンク色の帯状を示す。二色性があり、見る角度によって異なる色が現れる。宝石にはたいていファセットが刻まれる。

多くはレピドライトやトルマリンといっしょにペグマタイト中で産出する。ブラジルにはたくさんの産地があり、25kgほどの結晶も産出する。アメリカ・カリフォルニア州のパラ、モザンビーク・ムイアネ、イタリア・エルバ島、マダガスカルでも産出する。銀行家で宝石の収集家 J. P. モルガンにちなんでニューヨーク科学アカデミーによって命名された。

ゴーシェナイト | Goshenite

**ブリリアントカットの
ゴーシェナイト**
八面体の形をしたゴーシェナイト。複雑なブリリアントカットを施され輝きを増している。

高い透明度

ガラス光沢

**ゴーシェナイトの
六角形の結晶**

複雑な
ファセット

性質

ラウンド
ブリリアント

オーバル
ブリリアント

ミックスド

- 六方晶系
- 7½
- 2.6
- 1.58〜1.59
- ガラス光沢

$Al_2Be_3Si_6O_{18}$

ゴーシェナイト

ベリリウムとアルミニウムを含む珪酸塩鉱物。ベリルの変種で無色の石である。微量元素を含むゴーシェナイトにX線を照射すると黄色、緑色、ピンク色、青色に変わる場合もある。ベリルの結晶構造の中に微量元素がわずかでも混入すると地質環境によっては着色する。このため無色のゴーシェナイトは宝石とされるベリルの変種の中では最も産出量が少ない。透明度を強調するためにたいていブリリアントカットが施される。ドイツで採掘された石は透明度が高く眼鏡のレンズに使われたこともあった。

　ゴーシェナイトの名前はマサチューセッツ州ゴーシェンで最初に発見されたことにちなむ。ゴーシェナイトは宝石市場で使われる流通名であり、鉱物の名前ではない。他のベリルの変種と同様おもにペグマタイト中で産出する。現在の産地はブラジル、ロシア、パキスタン、マダガスカル。

Heliodor ヘリオドール 167

性質

- オーバルブリリアント
- ラウンドブリリアント
- ミックスド
- エメラルド

- 六方晶系
- 7½
- 2.7
- 1.58〜1.59
- ガラス光沢

高い透明度
メインファセット

透明度の高い結晶

母岩

母岩中の宝石質のヘリオドール

高い透明度と美しい色
クッションブリリアントカットを施されたヘリオドール。色は美しく透明度は高い。

いろいろな形状

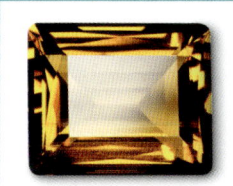

レクタンギュラーミックスドカット 濃い金色のヘリオドール

ハート形 研磨しづらいハートの形のヘリオドール

$Al_2Be_3Si_6O_{18}$

ヘリオドール

ベリリウムとアルミニウムを含む珪酸塩鉱物。淡い黄色から明るい金色を示すベリルの変種である。純粋なベリルは無色だが、結晶構造の中に鉄を含むと金色を帯びた黄色を示す変種ヘリオドールになる。結晶は六角形の柱状で産出することが多い。同じベリルの変種であるエメラルド（p.169）とは異なり結晶の内部には傷がほとんどない。

　ヘリオドールという名前は「太陽」と「贈り物」を表すギリシア語 hērios と dōron に由来する。花崗岩ペグマタイト中で産出する。ロシアのウラル山脈では最高品質の石が得られる。ナイジェリア、ナミビア、ブラジル、ウクライナ、アメリカでも産出する。アメリカ・ワシントン D. C. のスミソニアン博物館の宝石展示ホールには 2054 カラットの世界最大かつ無傷のヘリオドールのカット石が収蔵されている。

レッドベリル | Red Beryl

美しい色と高い透明度
ブリリアントカットを施されたレッドベリル。わずかに傷があるものの透明度は高く美しい色を示す。

天然の傷

流紋岩の母岩

柱面

レッドベリルの六角形の柱状結晶

性質

ラウンドブリリアント / エメラルド

- 六方晶系
- 7½
- 2.69
- 1.58～1.59
- ガラス光沢

$Al_2Be_3Si_6O_{18}$

レッドベリル

ベリリウムとアルミニウムを含む珪酸塩鉱物。ベリルの変種の中で最も産出量が少ない。濃い赤色は結晶構造に含まれるマンガンと自然放射線の作用に起因する。ファセットを刻まれたレッドベリルはとても希少なためカラットで比較するとダイアモンドよりも高い値がつけられる。

多くはトパーズを含む流紋岩中の空洞に低圧、高温（575℃以上）で生成する。1904年にアメリカ・ユタ州トーマス山脈で発見された。ユタ州の中西部ワーワー山地には宝石質のレッドベリルの産出する最大の鉱床がある。アメリカ・ニューメキシコ州でも鉱床が見つかっている。レッドベリルはレッドエメラルドやスカーレットエメラルドとも呼ばれるが、いずれも宝石の名前としては認められていない。かつてはビクスバイトと呼ばれたこともあったが別の鉱物ビクスビアイトと間違われるため今日では使われない。

Emerald | エメラルド　169

性質

- カボション
- ステップ
- ビーズ
- ラウンドブリリアント

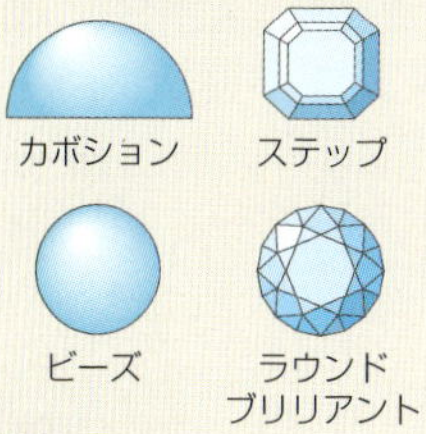

- 六方晶系
- 7½〜8
- 2.7
- 1.58〜1.59
- ガラス光沢

天然のインクルージョン（内部の傷）

六角形の面

クルミほどの大きさのエメラルドの結晶

エメラルドカットの宝石　内部に傷をもつにもかかわらず価値の高いエメラルドカットの石。エメラルドカットはエメラルドのために考えだされた研磨方法である。

いろいろな形状

カボション
エメラルドの八角形のカボション

$Al_2Be_3Si_6O_{18}$

エメラルド

草のような緑色を示す、ベリルの変種。紀元前1300年には採掘されていた。古代エジプトでは繁殖と命の印とされた。ヨーロッパではてんかんの発作を防ぐために身につけた。スペイン人の征服以降、コロンビアでは大量に産出する鉱床が発見され開発が進んだ。1830年頃にはロシア・ウラル山脈でも発見された。その後オーストリア、ノルウェー、オーストラリアと続き、ブラジル、南アフリカ、ザンビア、ジンバブエ、パキスタン、アメリカでも見つかっている。

　エメラルドカットはエメラルドの色を強調し、結晶の形（柱状結晶）に合わせるために考えだされた。内部に傷のない石はめったに産出せず、傷を隠すためにさまざまな処理が行われる。傷の多い石はオイルに浸してひび割れを埋めたり、色を強調したりする。傷のある石からはビーズ、インタリオ、カメオがつくられる。

エメラルドの指輪　21.04カラットのエメラルドの指輪。メキシコ皇帝マクシミリアンがつけていた。

古代エジプトの宝石

古代エジプトを語るうえで金と宝石は欠かせない。当時は金にも宝石にも単なる装飾品以上の価値が与えられた。ラピスラズリは紀元前 3100 年の昔にははるばるアフガニスタンから運びこまれていた。

宝石は古代エジプトの文化の中で大事な役割を果たしていた。ナイル川上流のヌビア産の金、アフガニスタン産のラピスラズリ、「クレオパトラの鉱山」産のエメラルド、各地から運ばれてきたこはく、カーネリアン、トルコ石、アマゾナイトを使って、世界最高級の美を誇る宝飾品がつくられた。古代エジプトの人々は宝石には病を治す力や神秘的な力があると考えていた。紀元前 1500 年頃のエーベルス医学パピルスには色のついた石を用いた治療薬に関する記述がある。ファラオはエジプトとエジプトの人々のために神との仲介者の役割を果たすべく金や宝石などの富とともに埋葬された。

古代のお守り ツタンカーメン王の墓から出土した、エジプトの神の姿をかたどったお守り。左から知恵と魔術を司るトート神、王を守護し太陽と戦いを司るホルス神、冥界を司るアヌビス神。

方解石の彫像 古代エジプトの「アラバスター」の彫像。台座は玄武岩。エジプトで使われる彫像用の石材アラバスターは方解石である。

金の腕輪 子どもの姿をしたホルス神が中央に描かれている古代エジプトの腕輪。王子ネマレスのためにつくられた。蓮の花とコブラも刻まれている。

金の飾り板 古代エジプトの飾り板。象形文字とともに太陽神アムン・ラー（創造神）と自分の職務の印を携えるファラオが金のはめこみで描かれている。

トルコ石のはめこみ

スカラベの胸飾り
ツタンカーメン王の墓から出土したスカラベ（コガネムシ）の胸飾り。スカラベにはラピスラズリ、周りにはトルコ石、カーネリアン、アマゾナイトが使われている。古代エジプトではスカラベは再生の印であった。

コブラの頭飾り

蓮の模様

神聖なサソリ
古代エジプトの女神セルケトを意味する金のサソリ。蛇などの毒から人々を守るセルケトはサソリの姿で表された。

ファラオの壺
ツタンカーメン王の墓から出土した方解石でつくられたカノポス壺のふた部分。王の頭部が表されている。王の臓器を防腐処理して納めた同様の壺が同じ墓から全部で4個見つかっている。

ダンビュライト | Danburite

複雑なブリリアントカット
輝きを増すような角度でクラウン部のメインファセットが刻まれているダンビュライト。

脂肪光沢

透明な結晶

宝石質のダンビュライトの原石

メインファセット

性質

ラウンドブリリアント
オーバルブリリアント
ミックスド

- 斜方晶系
- 7〜7½
- 3.0
- 1.63〜1.64
- ガラス光沢から脂肪光沢

$CaB_2(SiO_4)_2$

ダンビュライト

カルシウムとホウ素を含む珪酸塩鉱物。アメリカ・コネティカット州ダンベリーで発見されたことからダンビュライトと命名された。結晶は柱状でガラス光沢を示しトパーズ（p.198〜199）に似るが、劈開に乏しいため両者は区別できる。多くは無色を示すがこはく色、黄色、灰色、ピンク色、黄褐色でも産出する。やや黄色またはやや褐色の石が最高とされる。宝石にする場合はファセットカットやカボションカットが施される。

おもに低から中温（575℃以下）で接触変成作用によって生成する。ペグマタイト中や高温で生成した鉱床からも産出することがある。宝石とされるやや黄色や褐色を示す石はミャンマー・モーゴウで水磨礫として得られる。ロンドンの自然史博物館にはファセットを刻まれた138カラット、淡い黄色のダンビュライトが保管されている。宝石質の石はスイス、イタリア、日本、メキシコ、ロシア・ダリネゴルスクでも産出する。

Axinite｜アクシナイト

性質

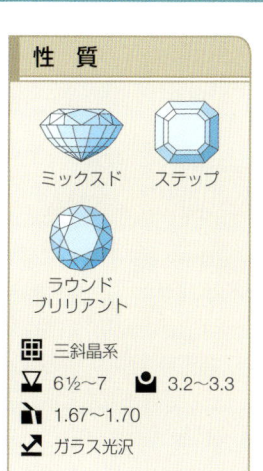

- ミックスド
- ステップ
- ラウンドブリリアント

- 三斜晶系
- 6½〜7
- 3.2〜3.3
- 1.67〜1.70
- ガラス光沢

刃状の結晶

貫入したアクシナイトの結晶

褐色のアクシナイト オーバルクッションステップカットを施されたアクシナイト。濃い褐色を示している。

鉄によって褐色を示す

天然のインクルージョン

いろいろな形状

ブリリアントカット
プラムのような紫色を示すアクシナイト

$Ca_2FeAl_2(BSi_4O_{15})(OH)$

アクシナイト（斧石 おのいし）

4種類の鉱物（マグネシオアクシナイト、マンガンアクシナイト、チンゼナイト、最も産出量の多いフェロアクシナイト）のグループ名で、この4種類はほぼ区別できない。アクシナイトの名前は結晶の形が斧（アックス）に似ることにちなむ。花弁状、塊状、粒状でも産出する。最もなじみのある色はクローブ（丁子）のような褐色だが灰色から青灰色、蜂蜜褐色、灰褐色、金色を帯びた褐色、ピンク色、紫色、黄色、橙色、赤色も示す。タンザニアでは青色を示すめずらしいアクシナイトが産出する。結晶は硬くてもろいためカット石は欠けやすく、収集家向けにのみファセットが刻まれる。

接触変成岩や低温（200℃以下）で生成した変成岩中で産出する。マグネシウムまたは鉄に富む火成岩中でも産出する。世界中に分布するが宝石質の石はメキシコ、フランス、スリランカ、ロシア、オーストラリア、アメリカで得られる。

ベスビアナイト | Vesuvianite

性質

- カボション
- ビーズ
- 片面研磨
- ステップ
- 正方晶系または単斜晶系
- 6½
- 3.4
- 1.70〜1.75
- ガラス光沢から樹脂光沢

すばらしい輝き

形よく成長した結晶

宝石質の緑色がかったベスビアナイトの結晶

ブリリアントカットのベスビアナイト
クッションブリリアントカットを施されたベスビアナイト。透明度の高い石にみごとなファセットが刻まれている。

いろいろな形状

カボション カボションカットを施された半透明のベスビアナイト

クッションカット クッションカットを施された内部に傷のある石

エメラルドカット 濃い褐色の石

$Ca_{10}(Mg,Fe)_2Al_4(SiO_4)_5(Si_2O_7)_2(OH,F)_4$

ベスビアナイト（ベスブ石）

以前はアイドクレースと呼ばれていた。 ベスビアナイトという名前はイタリアのベスビオ火山で発見されたことにちなむ。現在でも古い標本やカボションカットを施した透明な石をアイドクレースと呼ぶことがある。結晶は錐状または柱状でガラス光沢を示す。緑色や明るい黄緑色が多いが、黄色から褐色、黄緑色、紫色、赤色、黒色、青色も示す。7cmを超える長い結晶も産出する。構成元素はスズ、鉛、マンガン、クロム、亜鉛、硫黄などの元素で置き換えられている可能性がある。スウェーデンで産出するビスマスを含むめずらしい石は明るい赤色を示す。銅を含む石は緑青色を示しシプリンと呼ばれる。

接触変成作用を受けた、不純物を含む石灰岩中や、大理石中で産出する。塊状で産出する翡翠に似たベスビアナイトはカリフォルナイトという。宝石質の石はシベリアとアメリカでも産出する。

Epidote｜エピドート

性質

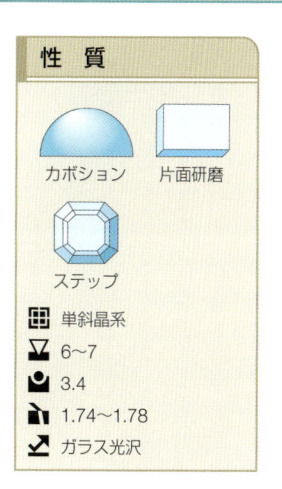

- カボション
- 片面研磨
- ステップ
- 単斜晶系
- 6〜7
- 3.4
- 1.74〜1.78
- ガラス光沢

オーバルステップカット
エピドートにしては透明度が高い。

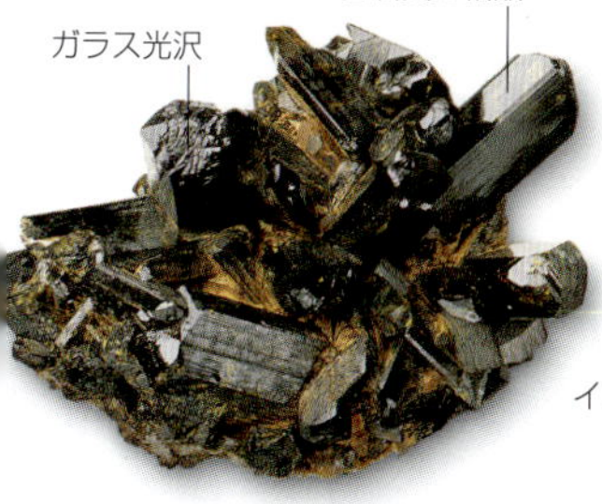

たくさんの長方形のファセット

天然のインクルージョン

ガラス光沢
宝石質の結晶

エピドートの宝石質の結晶の集合体

いろいろな形状

レクタンギュラーステップカット 褐色のエピドート

$Ca_2Al_2(Fe,Al)(SiO_4)(Si_2O_7)O(OH)$

エピドート（緑簾石）

広範に分布する造岩鉱物だが宝石としてはあまり知られていない。結晶は形よく成長することが多く、見る角度によって異なる色調の緑色が現れる多色性を示す。このため多色性を考慮して研磨する。オーストリア、パキスタン、ブラジルで産出する透明で濃い緑色の結晶や、時おり産出する他の色の結晶は収集家向けにファセットを刻まれる。はっきりした劈開をもち、かなりもろいためファセットを刻んだ石は装身具には向かない。

　エピドートの名前は「増える」を意味するギリシア語 epidosis に由来する。柱状結晶の片面が他面よりも必ず大きいという特徴にちなむ。低度の変成岩中で広く産出する。クロムに富み明るい緑色を示す変種をトーモアイトと呼ぶ。エピドートを多く含む花崗岩にカボションカットを施した石はユナカイトの名前で流通する。ユナカイトはさまざまな色調の緑色とピンク色を示し、斑模様に見えるものが多い。

ゾイサイト | Zoisite

性質

- カボション
- 片面研磨
- ラウンドブリリアント
- カメオ
- 斜方晶系
- 6〜7
- 3.2〜3.4
- 1.69〜1.70
- ガラス光沢

テューライトの原石
不均一な破面

マグネシウムによるピンクがかった赤色

テューライトのカボション オーバルカボションカットを施されたテューライト。テューライトはゾイサイトのピンク色の変種。

いろいろな形状

テューライトの板
研磨されたテューライトの板石

アニョライトの球
ルビーを含むゾイサイトの変種アニョライトの球

$Ca_2Al_3(SiO_4)_3(OH)$

ゾイサイト（灰簾石）

カルシウムとアルミニウムを含む含水珪酸塩鉱物。 エピドートグループに属する。透明でサファイアブルーを示すタンザナイトをはじめ宝石として扱われる変種がある。ゾイサイトは無色、白、灰、緑、黄緑、緑褐色を示す。ノルウェーで産出するピンク色の変種をテューライト(桃簾石)という。名前はノルウェーの旧名トゥーレに由来する。テューライトの多くは塊状で産出し、彫刻や研磨が施され飾り石、ビーズ、カボションなどに仕上げられる。

　塊状の鮮やかな緑色のゾイサイトの中に赤色のルビーが散らばったアニョライトは彫刻石材や飾り石として人気がある。アニョライトのルビーは不規則に広がることが多く宝石質ではないが、緑色のゾイサイトと鮮やかな対照を示すため飾り石としての美しさが際立つ。ゾイサイトの産地はスペイン、日本、ドイツ、スコットランド、テューライトの産地はノルウェー、イタリア、アメリカ。

Tanzanite | タンザナイト

性質

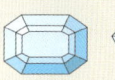

- エメラルド
- ミックスド 
- ラウンドブリリアント 
- 斜方晶系
- 6〜7
- 3.2〜3.4
- 1.69〜1.79
- ガラス光沢

ガラス光沢

テーブルファセットを通してパビリオンファセットが見える

内部に傷がなく透明

ミックスドカットのタンザナイト
複雑なミックスドカットを施されて明るく輝くタンザナイト。

美しい色のタンザナイトの原石

いろいろな形状

オーバルクッションミックスドカット
紫色の石

オクタゴナルステップカット
薄い青色の石

$Ca_2Al_3(SiO_4)_3(OH)$

タンザナイト

ゾイサイトの中で濃い青色、紫青色、ライラックブルーからサファイアブルーを示す変種。 サファイアとよく間違われる。1967年にタンザニアで発見されたことからタンザナイトと命名された。結晶は強い多色性を示し、見る角度によって濃い青色、赤紫色、黄灰色と変化する。研磨する際には最高の色を引き出すよう石の向きを慎重に決めなければならない。簡単に劈開するため超音波で洗浄すると粉々になる。したがって注意深く取り扱わなければならない。

黄色、緑色、褐色など他の色を示すゾイサイトを加熱するとタンザナイトの青色が得られる。ゾイサイトの多くはカルシウムに富む岩石が変成して生成した中変成度の片岩、片麻岩、角閃岩中で産出する。石英脈やペグマタイト中でも産出する。宝石とされる石のほぼすべての産地はタンザニアである。

コーネルピン | Korknerupine

性質

- カボション
- ミックスド
- ラウンドブリリアント
- ステップ

- 斜方晶系
- 6½〜7
- 3.3〜3.5
- 1.66〜1.68
- ガラス光沢

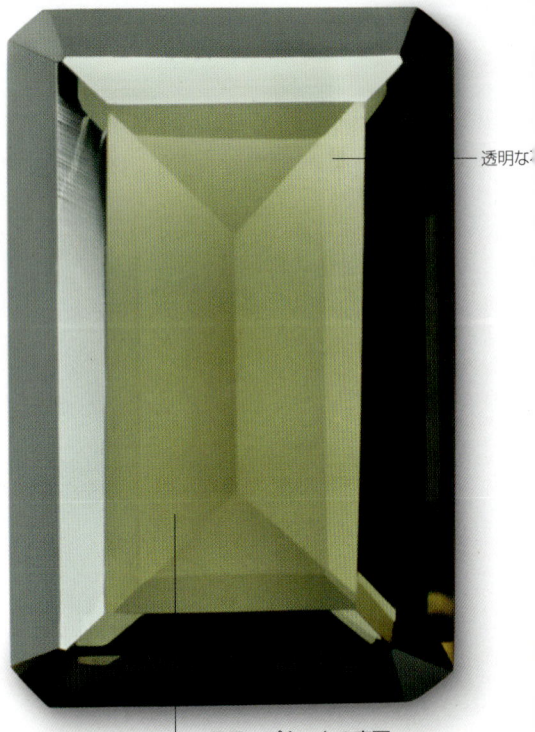

形よく成長した結晶

母岩に含まれるコーネルピンの結晶

いろいろな形状

シザーカット
シザーカット（複雑なミックスドカット）を施された透明度の高い石

ステップカットの宝石
レクタンギュラーステップカットを施された透明な緑褐色のコーネルピン。

透明な
緑褐色

$(Mg,Fe,Al)_{10}(Si,Al,B)_5(O,OH,F)_{22}$

コーネルピン

マグネシウム、鉄、アルミニウム、ホウ素を含む珪酸塩鉱物。産出量は少ない。デンマークの地質学者アンドレアス・ニコラウス・コルネルップにちなんで1884年に命名されたが、宝石質の石の発見はそれから30年後であった。結晶は褐色、緑色、黄色から無色を示し、トルマリンの柱状結晶に似る。宝石としてはエメラルドグリーンや青色が最も珍重されるが、黄緑色や黄色を帯びた石も研磨される。強い多色性を示し、見る角度によって異なる色を示す。最高の色を出すためには結晶の柱面に対してテーブルファセットが平行になるように原石の向きを決めなければならない。

　ホウ素に富む火山岩や、高度に変成作用を受けた堆積岩中で産出する。マダガスカルでは大きくて宝石級の海緑色の結晶が得られる。スリランカでは宝石礫から宝石質の石が採取される。

Almandine｜アルマンディン

性質

- ステップ
- ラウンドブリリアント
- カボション
- 立方晶系
- 7～7½
- 4.3
- 1.76～1.83
- ガラス光沢

スターファセット

濃い色

ブリリアントカットのアルマンディン
ブリリアントカットによって鮮やかな赤色の際立つアルマンディン。

十二面体結晶

片岩に埋もれたアルマンディン

いろいろな形状

オーバルカット
ファセットを刻まれた濃い色のアルマンディン

$Fe_3Al_2(SiO_4)_3$

アルマンディン（鉄ばんざくろ石）

ガーネット（ざくろ石）グループに属し、ガーネットの中で最もよく産出する鉱物。赤色を示すがピンク色や菫色を帯びることも多い。不透明に近い石もある。透明な石は他のガーネットよりもピンク色の強い赤色を示す。結晶の多くは形よく成長した面をもち、十二面体や偏菱二十四面体を示す。さまざまな宝石としてカットされるがいくらかもろいためカット石の端が欠けやすい。カボションカットを施すと、規則正しく並ぶ針状のルチル（p.71）を内包する場合は四条または六条のスターが現れる。

広い範囲で産出し、場所によっては形よく成長した8kgを超える結晶が得られる。スターの現れる石はアメリカ・アイダホ州で豊富に産出する。ファセット向きの石は世界各地の雲母片岩、片麻岩、火成岩中で得られる。

めずらしい宝石 銀の指輪にあしらわれたアルマンディン。ステップカットを施され、内部のインクルージョンがよく見える。

アンドラダイト | Andradite

性 質

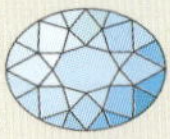

- オーバルブリリアント
- ラウンドブリリアント 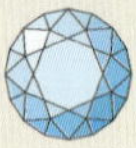
- ミックスド 

- 立方晶系
- 6½〜7
- 3.8
- 1.85〜1.89
- ガラス光沢

十二面体の結晶面とさらに別の結晶面をもつアンドラダイト

十二面体の結晶面

オーバルミックスドカットのデマントイド オーバルミックスドカットを施されたデマントイド。ロシアで産出するアンドラダイトの変種デマントイドの特徴であるホーステイル（馬のしっぽ）が見える。

アスベストのホーステイル

パビリオンファセット

いろいろな形状

濃い緑色のデマントイド ファセットを刻まれ、美しい緑色を示す透明度の高い石

ブリリアントカットのトパゾライト めったに産出しないアンドラダイトの黄色を示す変種

$Ca_3Fe_2(SiO_4)_3$

アンドラダイト（灰鉄ざくろ石）

ガーネットの一種。色の異なる変種が数種類ある。トパーズに似た黄色を帯びた変種をトパゾライトという。黄緑色やエメラルドグリーンを示す変種デマントイドはアンドラダイトの中で最も珍重される。黒色の変種はメラナイトと呼ばれる。その他、赤褐色、黄褐色、灰緑色、緑色でも産出する。緑色はクロムに、黄色から黒色はチタンに起因する。

黒以外の色の石はいずれもダイアモンドよりも高い光の分散を示すためみごとな宝石となる。めったに産出しない透明のメラナイトはファセットに向く。アンドラダイトの多くは変成作用を受けた石灰岩やある種の火成岩中でグロッシュラーといっしょに産出する。

デマントイドのはめこまれた指輪 アンドラダイトの変種デマントイドをあしらわれた金の指輪。

Grossular | グロッシュラー

ブリリアントカットのグロッシュラー
美しい緑色のグロッシュラー。オーバルブリリアントカットを施され透明感と輝きが引き出されている。

十二面体の緑色のグロッシュラー

性質

- クッション
- 片面研磨
- カボション
- ミックスド
- エメラルド
- 立方晶系
- 6½〜7
- 3.6
- 1.69〜1.73
- ガラス光沢

$Ca_3Al_2(SiO_4)_3$

グロッシュラー（灰ばんざくろ石）

ガーネットの一種。一般にグースベリー（西洋すぐり）のような緑色を示す。名前も「グースベリー」を意味するラテン語 grossularia が語源。白、クリーム、ピンク、橙、赤、黒、黄、無色も示す。シナモンのような褐色の変種はヘッソナイトという。結晶の多くは十二面体や偏菱二十四面体。粒状や塊状でも産出する。ほとんどが不透明から半透明であり、装飾用石材として研磨やカボションカットが施される。ケニアとタンザニア産の透明で淡い緑色からエメラルドグリーンを示すツァボライトにはファセットが刻まれ、グースベリーガーネットとも呼ばれる。

広い範囲で産出するが宝石質の石は少ない。緑色を帯びた塊状の石はトランスバールジェイド、サウスアフリカンジェイド、アフリカンジェイドの名でも流通する。

グロッシュラーのビーズ 色調が少しずつ変化するビーズをつないだネックレス。

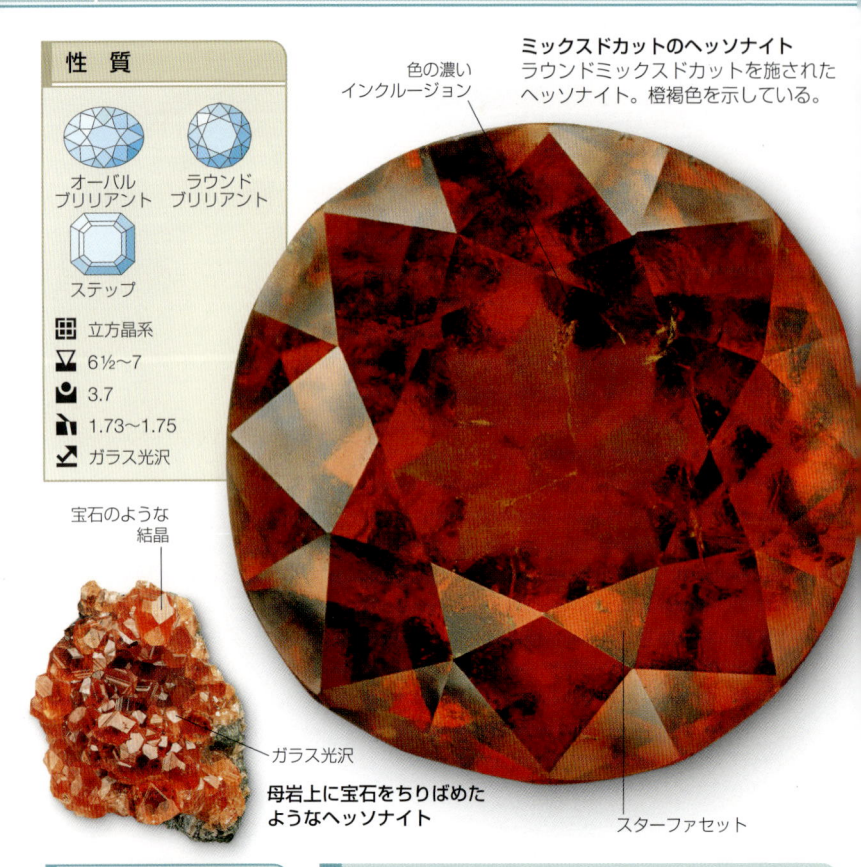

ヘッソナイト | Hessonite

性質

- オーバルブリリアント
- ラウンドブリリアント
- ステップ

田	立方晶系
▽	6½〜7
▲	3.7
◪	1.73〜1.75
⤴	ガラス光沢

ミックスドカットのヘッソナイト
ラウンドミックスドカットを施されたヘッソナイト。橙褐色を示している。

色の濃いインクルージョン

ガラス光沢

宝石のような結晶

母岩上に宝石をちりばめたようなヘッソナイト

スターファセット

いろいろな形状

オーバルブリリアントカット 細長いカットを施された、きれいなシナモン色のヘッソナイト

$Ca_3Al_2(SiO_4)_3$

ヘッソナイト

グロッシュラーの変種。赤褐色を示すことからシナモンストーンとも呼ばれる。色はマンガンと鉄に起因し、ほとんどの結晶は十二面体を示す。深い色を示す石には色をより効果的に見せるためにファセット面を広く刻み、色の薄い石には小さなファセットをたくさん刻んで濃く見せる。ヘッソナイトの色はジルコン（p. 190〜191）の変種ととてもよく似るためカット石は何世紀にもわたってジルコンと間違われていた。比重を比べるとヘッソナイトの方がはるかに低いので両者は区別できる。

　ヘッソナイトの名前は「劣る」を意味するギリシア語 hesson に由来する。ガーネットに属する他の鉱物と比べて硬度も密度も低いことにちなむ。古代ギリシアやローマの人々はヘッソナイトを好み、ヘッソナイトのカメオ、インタリオ、カボションをつくった。宝石質の石はスリランカの宝石礫や変成岩から産出する。メキシコ、イタリア、カナダ、アメリカでもすばらしい石が得られる。

Pink Grossular | ピンクグロッシュラー

十二面体

母岩中の
ピンクグロッシュラー
の結晶

すばらしい色

美しい色
オーバルクッションブリリアントカットを施されすばらしい色を示すピンクグロッシュラー。重さ5カラット、タンザニアで産出。

性質

- エメラルド
- 片面研磨
- ミックスド
- クッション
- カボション
- 立方晶系
- 6½〜7
- 3.6
- 1.69〜1.73
- ガラス光沢

$Ca_3Al_2(SiO_4)_3$

ピンクグロッシュラー

グロッシュラーはガーネットグループに属し、カルシウムとアルミニウムを含む珪酸塩鉱物である。グロッシュラーにはシナモンのような褐色を示すヘッソナイト、エメラルドグリーンのツァボライトなど宝石とされる変種があり、ピンクグロッシュラーもそのひとつ。ピンクグロッシュラーは淡いピンク色からラズベリー色に近い濃いピンク色まで鮮やかな色合いを示し人気だが固有の宝石名はもたない。結晶は十二面体や偏菱二十四面体。粒状や塊状でも産出する。直径13cmほどの結晶も産出するが、宝石質の結晶はもう少し小ぶりである。透明な石にはファセットが刻まれる。半透明の石はカボションカットを施されたり、飾り石として研磨されたりする。

　ピンクグロッシュラーはおもに変成作用を受けたカルシウムに富む不純物の多い岩石中で産出する。他のグロッシュラーと同じくかなり広い範囲に分布するが宝石質の石はあまり得られない。

性質

- オーバルブリリアント
- ステップ
- カボション
- 立方晶系
- 7～7½
- 3.6
- 1.73～1.76
- ガラス光沢

深い色
ペンデロクカットを施されたパイロープ。典型的な深い紫赤色を示す。

丸い表面

水の作用で丸くなったパイロープの原石

パイロープらしい深い色

いろいろな形状

パビリオンファセット
複雑に刻まれたパビリオンファセットがテーブルファセットを通して見える

$Mg_3Al_2(SiO_4)_3$

パイロープ（苦ばんざくろ石）

ガーネットグループに属し、マグネシウムとアルミニウムを含む珪酸塩鉱物である。他のガーネットと異なり、天然に産出するパイロープはすべて赤色を示す。名前も「火」と「目」を意味するギリシア語 pyr と ōps に由来する。結晶構造は鉄、クロム、チタン、マンガンによって置き換えられている。色はこの4種類の元素に起因し、成分比によって深い赤色から菫赤色、ローズレッド、赤色を帯びた橙色と変化する。クロムを多く含むパイロープは光源によって異なる色に見える。

結晶構造を置換する元素が増えると徐々に別の種類のガーネットに変わる。たとえば宝石用にカットされることの多いロードライトはパイロープ70％、アルマンディン30％からなる。結晶は十二面体や偏菱二十四面体を示し、直径12cm以下で産出する。ほとんどのパイロープは丸みを帯びた粒子や礫として産出する。

Spessartine｜スペサルティン

性質

- ステップ
- ラウンドブリリアント
- 立方晶系
- 7〜7½
- 4.2
- 1.79〜1.81
- ガラス光沢

インクルージョン（傷）

十二面体

スペサルティンの宝石質の結晶

クッションブリリアントカット
トリアンギュラークッションブリリアントカットを施されたスペサルティン。めずらしいインクルージョンをたくさん含む。

いろいろな形状

エメラルドカット
色を強調するためにエメラルドカットが施された石

$Mn_3Al_2(SiO_4)_3$

スペサルティン（満ばんざくろ石）

ガーネットグループに属し、マンガンとアルミニウムを含む珪酸塩鉱物である。名前はドイツのシュペッサルト（森の名前）に由来する。純粋なスペサルティンはめずらしい。多くはアルマンディン（p.179）を含み、その割合によって橙色から赤色を示す。淡い黄色、深い赤色、黒色、褐色でも産出する。十二面体や偏菱二十四面体の結晶が形よく成長して直径13cmになることもある。粒状や塊状でも産出する。宝石質の石はめずらしく、装身具ではなく収集家向けにカットされることが多い。

アメリカ・バージニア州のラザフォード鉱山では最大級の結晶が産出し、6720カラットの結晶が得られている。宝石とされる石はマダガスカル、ナイジェリア、ブラジル、ナミビア、スリランカ、アメリカで産出する。スペサルティンとパイロープの中間の組成のガーネットはマラヤガーネットと呼ばれる。ガーネットの中にはわずかにバナジウムやクロムを含み、光源によって色を変える石もある。

ウバロバイト | Uvarovite

型にはまらない形のウバロバイト
表面にあるたくさんのウバロバイトの結晶は小さすぎてファセットを刻めないため変わった形のカボションカットが施されている。

小さなウバロバイトの結晶

変わった形のカボション

皮殻状のウバロバイトの結晶

母岩上のウバロバイトの結晶

性質

オーバルブリリアント
ラウンドブリリアント

- 立方晶系
- 6½〜7
- 3.8
- 1.86〜1.87
- ガラス光沢

$Ca_3Cr_2(SiO_4)_3$

ウバロバイト

カルシウムとクロムを含む珪酸塩鉱物。宝石となるガーネットの中で最も産出量が少なく、宝石の中でも希少である。多くは十二面体の結晶で得られるが、とても小さいためカットを刻めない。ウバロバイトは鮮やかな緑色を示す。緑色でしか産出しないガーネットはウバロバイトだけである。緑色はエメラルド（p.169）やルビー（p.60）の着色と同じくクロムに起因する。十分な大きさの結晶はめったに産出しないため、ファセットの刻まれた結晶は収集家に大人気である。

ウバロバイトの名前はロシアの貴族で、有名なアマチュア鉱物収集家セルゲイ・ウヴァーロフにちなみ1832年につけられた。火成岩や変成岩中でクロムを含む鉱物といっしょに産出する。フィンランド・オウトクンプでは最大級の結晶が産出する。ロシア・ウラル山脈では岩石中の空隙や割れ目の内壁に張り付くようにして透明の結晶が産出する。ポーランド・シロンスク県、カナダ・ケベック州、アメリカ・カリフォルニア州でも産出する。ウバロバイト以外の濃い緑色のガーネットをウバロバイトと呼ぶこともあるが、これは誤りである。

Andalusite | アンダルーサイト 187

性質

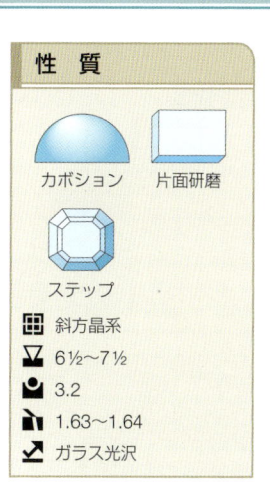

- カボション
- 片面研磨
- ステップ
- 斜方晶系
- 6½〜7½
- 3.2
- 1.63〜1.64
- ガラス光沢

多色性を示すアンダルーサイト
エメラルドカットを施された、強い多色性を示すアンダルーサイト。石全体にいろいろな色の閃光が現れている。

メインファセット

閃光

アンダルーサイトの細長い結晶

母岩

母岩上のアンダルーサイト

いろいろな形状

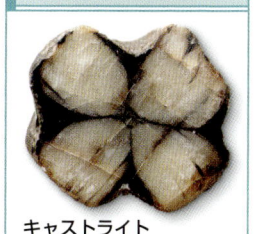

キャストライト
アンダルーサイトの変種キャストライトの断面

$Al_2O(SiO_4)$

アンダルーサイト（紅柱石）

スペインのアンダルシアで発見された。名前もこの地名に由来する。同じくアンダルシアで初めて見つかった透明な変種は研磨すると魅力的な宝石となる。緑色、白色、灰色、菫色、黄色、青色、ピンク色から赤褐色を示す。同じ石でも見る方向によって黄色、緑色、赤色など異なる色が現れる多色性を示す。強い多色性のため、ファセットを刻まれた石はイリデッセンスに似た遊色を表す。カット石を希望の色に仕上げるためには多色性を考慮してファセットを刻まなければならない。

　宝石質の石はおもに水磨礫としてブラジル・ミナスジェライス州、スリランカの宝石礫中に産出する。スリランカではカボションカットを施すとキャッツアイが現れる灰白色の石も得られる。ミャンマーでは魅力的な青色の石が産出する。黄灰色の変種キャストライト（空晶石）は内部に含む炭質物が十字に見える長柱状結晶で産出する。キャストライトの切片はお守りとして身につけられる。

デュモルチェライト | Dumortierite

研磨された表面

鉄がチタンに置換されて青色を呈する

デュモルチェライトのカボション
オーバルカボションカットを施されたデュモルチェライト。最も高価とされる濃い青色を示している。

深い青色

きれいな青色のデュモルチェライトの原石

性質

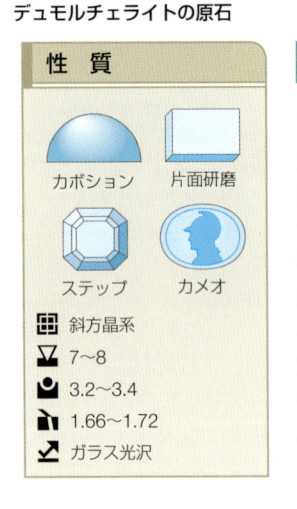

- カボション
- 片面研磨
- ステップ
- カメオ
- 斜方晶系
- 7〜8
- 3.2〜3.4
- 1.66〜1.72
- ガラス光沢

$(Al,Fe)_7(BO_3)(SiO_4)_3O_3$

デュモルチェライト

アルミニウム、鉄、ホウ素を含む珪酸塩鉱物。結晶は繊維状、色はピンク色を帯びた赤色、菫色から青色を示す。褐色、やや緑色の石もある。鮮やかな濃い青色から菫色を示す石はとくに珍重される。塊状で産出することが多く、カボションカットや彫刻を施され宝石として利用される。小さな結晶は見る角度によって赤色から青色、菫色と異なる色を表す多色性をもつこともある。このような石にはまれに収集家向けにファセットが刻まれる。ソーダライト（p.134）やラピスラズリ（p.130〜131）に似るが、デュモルチェライトの方が鮮やかな色を示す。

ペグマタイト、アルミニウムに富む変成岩、貫入花崗岩由来のホウ素を含む溶液によって変成作用を受けた岩石中で産出する。チタンに富む深い青色を示す宝石となる石は南アフリカ・旧ケープ州で得られる。マダガスカル、日本、カナダ、スリランカ、イタリア、アメリカ・ネバダ州やコロラド州で産出する石も宝石として利用される。

Euclase | ユークレース　189

性質

ミックスド　ステップ

- 単斜晶系
- 7½
- 3.0
- 1.65〜1.67
- ガラス光沢

もろい石

錐状の端面

ユークレースの無色の柱状結晶

エメラルドカットのユークレース
深い青色を示すユークレース。色を強調するためにステップカットを施されている。

いろいろな形状

ステップカット
無色のユークレース

$BeAlSiO_4(OH)$

ユークレース

ベリリウムとアルミニウムを含む珪酸塩鉱物。無色か白色が多く、他に淡い緑色、淡い青色から濃い青色も示す。どの色の石もファセットを刻まれるが宝石として人気が高いのは淡いアクアマリーンブルーである。透明な石はたいてい収集家向けにファセットを刻まれる。青色が濃くなるにつれ多色性が現れるため、研磨する方向に注意が必要である。ユークレースは完全な劈開を示す。名前も「良好な」と「劈開」を意味するギリシア語 eu と klasis からつけられた。簡単に割れるため欠けやすくもろい。したがって台座につける際には注意が必要である。研磨時には破損を避けるためにファセットの大きな面と劈開面とを平行にしない。

　条線の入った柱状結晶を生成し、複雑な端面をもつことが多い。おもにペグマタイトや低温（200℃以下）で生成した鉱脈で産出する。宝石質の石はブラジル、インド、ロシア、タンザニア、オーストリア、アメリカで産出する。

ジルコン | Zircon

性質

- オーバルブリリアント
- ラウンドブリリアント
- エメラルド
- 正方晶系
- 7½
- 4.6〜4.7
- 1.93〜1.98
- 金剛光沢から油脂光沢

たくさんの複雑なファセット

天然の色
クッションブリリアントカットを施されたジルコン。熱処理によってつくられた色ではない。

二つの錐面

ジルコンの原石（熱処理せず）

$ZrSiO_4$

ジルコン

人類は古代からジルコンを利用してきた。ジルコンという名前はアラビア語 zargun に由来する。zargun の語源は「金」と「色」を意味するペルシア語 zar と gun。名前のとおり金色を示す。無色、黄色、灰色、緑色、赤色、青色、褐色でも産出する。現在流通する色のついたジルコンの多くは褐色のジルコンを加熱したものである。酸素を除いた空気中で熱すると青色のジルコンが得られ、これを空気中で熱すると金色になる。微量元素を含まない褐色のジルコンの場合はどちらの処理を施しても無色になる。

高い屈折率と強い光の分散を示す。産出量は少ないがダイアモンド（p.50〜51）に近いファイアと輝きを見せる。このため無色のジルコンはダイアモンドのイミテーションとされたり、間違ってダイアモンドとして扱われたりしてきた。結晶は正方晶系で、大きく成長し、オーストラリアでは2kg、ロシアでは4kgの単結晶が産出している。

ジルコニウムを含む珪酸塩鉱物。シリカに富む火成岩やある種の変成岩中に広く分布する。風化に強く比較的高い比重を有するため、川床礫や海岸の堆積物中に集積する。宝石となる石の産地はフランス、タイ、カンボジア、ベトナム、ミャンマー、オーストラリア、タンザニア、ナイジェリア、ブラジル。

Zircon | ジルコン 191

水で磨耗した円礫
水で磨耗したジルコンの円礫。砂鉱床から採取する原石の多くはこのような水磨礫である。

丸い表面

熱処理されたジルコン
ラウンドブリリアントカットを施された青色のジルコン。褐色のジルコンを加熱してつくられた。

二重に映る下面のファセット

褐色のジルコン
淡い褐色のジルコン。ステップカットが施され色が強調されている。

色を強調するステップカット

緑色のジルコン
オーバルブリリアントカットを施されたジルコン。天然に生じた緑色を示している。

天然の放射性崩壊により生じた色

ジルコンのブレスレット
金めっきを施されたブレスレット。無色のジルコンと橙色の他の石があしらわれている。

橙色の人工の石

エドワード朝時代のジルコンの指輪
ブリリアントカットの大きな青色のジルコンが中央にあしらわれた金とプラチナの指輪。周りを飾っているのは小さなダイアモンド。

ダイアモンドの縁飾り

東方の宝石

ジルコンはインドやスリランカでは古い時代から採掘され宝飾品に使われていた。かつては赤色、橙色、黄色のジルコンをヒヤシンス（またはジャシンス）、その他の色をジャーゴン（またはジャーグーン）と呼んだ。ヒンドゥーの神々に捧げるカルパタルにはジルコンをはじめとするたくさんの宝石が使われた。

カルパタル 10世紀の寺院に飾られたカルパタル（願かけの樹）。樹の下には2柱のキンナリー（音楽の女神）がいる。

花のブローチ
花をかたどった銀のブローチ。天然に産出した無色のジルコンが使われている。

褐色のジルコンを加熱処理して得られた無色の石

バゲットカットのジルコン
無色のジルコン。輝きを強調するためにバゲットカットが施されている。

カイヤナイト | Kyanite

オーバルブリリアントカットのカイヤナイト
美しい青色と高い透明度を示すカイヤナイトの宝石。オーバルブリリアントカットを施されている。

未研磨のガードル部

刃状結晶

青色のカイヤナイトの刃状結晶

性質

ステップ / カボション

- 三斜晶系
- 4½、6
- 3.6
- 1.71〜1.73
- ガラス光沢

$Al_2O(SiO_4)$

カイヤナイト（藍晶石）

おもに細長い平らな刃状で産出する。青色が多く、名前も「濃い青色」を意味するギリシア語 kyanos に由来する。単結晶の内部では青色と青灰色が斑状や帯状に分布することが多い。帯状の色は中心に向かうほど色が濃くなる。緑色、橙色、無色を示す石もある。青色の石には強い多色性があり、見る角度によって青色、菫青色、無色を示す。硬度は長軸に対して平行方向では4½、垂直方向では6と方向によって異なるためファセットを刻みにくい。かつてはこの性質から「二つの強度」という意味をもつディスシーン（二硬石）という名前で呼ばれていた。

繊維質であり完全な劈開をもつため伸びる方向に沿って割れやすく研磨しづらい。カボションカットを施すとキャッツアイが現れることがある。カット石はおもに収集家向けである。雲母片岩、片麻岩、関連する石英脈とペグマタイト中で産出する。

Peridot | ペリドット

性質

- ラウンドブリリアント
- オーバルブリリアント
- ビーズ
- エメラルド
- カボション
- ミックスド

- 斜方晶系
- 6½〜7
- 3.3〜4.3
- 1.64〜1.69
- ガラス光沢から脂肪光沢

高い透明度

ペンデロクカットのペリドット
薄い緑色のペリドット。この色から結晶構造中に鉄を少量含むことがわかる。

独特の色

宝石質のペリドット

いろいろな形状

ミックスドオーバルカット 薄い緑色のペリドット

オクタゴナルシザーカット 鉄に富む濃い緑色の石

$(Mg,Fe)_2SiO_4$

ペリドット

ペリドットという名前はフランス語だが、その語源は「宝石」を意味するアラビア語 faridat とされる。鉱物オリビン（かんらん石）の中で透明な宝石質の石をペリドットという。金色を帯びた淡い緑から赤褐色を示し、濃い緑色が最も珍重される。含まれる鉄の量によって色調と濃さが決まる。一般に鉄が少ないほどよい色が現れる。

宝石としては軟らかい。複屈折を示すため正面から見ると裏面のファセットが二重に見える。3500年前は紅海のセントジョーンズ島がおもな産地であった。現在はパキスタン、中国、南アフリカ、ノルウェー、カナリア諸島、オーストラリア、ミャンマー、アメリカで産出する。

ペリドットのイヤリング
ペリドットと真珠があしらわれている。

フェナカイト | Phenakite

「鋼のような」外観

ガラス光沢

ブロック状の結晶

並んで成長した宝石級のフェナカイトの結晶

オーバルブリリアントカットの宝石
オーバルカットを刻まれた透明度の高いフェナカイト。「鋼のような」と描写されることもある独特の輝きを放っている。

性質

ラウンドブリリアント
オーバルブリリアント
ミックスド

- 六方晶系または三方晶系
- 7½〜8
- 2.9
- 1.65〜1.67
- ガラス光沢

Be$_2$SiO$_4$

フェナカイト

ベリリウムを含む鉱物。産出量は少ない。石英とよく間違われることにちなみ名前は「詐欺師」を意味するギリシア語からつけられた。結晶は無色透明だが灰色や黄色を帯びることが多い。時おり淡いローズレッドでも産出する。無色透明な結晶は収集家向けにファセットを刻まれる。トパーズ(p. 198〜199)よりも高い屈折率を示すため、カット石にはたいていブリリアントカットが施される。輝きはダイアモンド(p. 50〜51)に近く、ファセットを刻まれた石はダイアモンドと間違われることもある。

多くは単独の結晶の状態で産出する。結晶形はおもに菱面体状だが短柱状や柱状も示す。花崗岩や雲母片岩、高温(575℃以上)で生成したペグマタイト中で産出する。ロシア・ウラル山脈、アメリカ・コロラド州パイクスピーク周辺では大きな結晶が得られる。その他の産地はジンバブエ、ナミビア、スリランカ。

Sillimanite | シリマナイト

性質

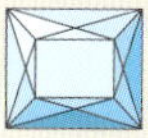

- シザー
- エメラルド 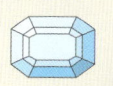
- カボション 
- 田 斜方晶系
- 7
- 3.2〜3.3
- 1.66〜1.68
- 絹光沢またはガラス光沢

細長い柱状結晶

母岩の上のシリマナイト

はさみ形（十字形）の四つのファセット

シザーカットのシリマナイト 淡い菫色のシリマナイト。無色や薄い色の石の輝きを強調したいときにシザーカットが施される。

いろいろな形状

フィブロライトのカボション カボションカットを施されたシリマナイトの変種フィブロライト

$Al_2O(SiO_4)$

シリマナイト（珪線石）

シリマナイトはアメリカの化学者ベンジャミン・シリマンにちなんで命名された。多くは無色から白色を示すが、淡い黄色から褐色、淡い青色、緑色、菫色でも産出する。おもに工業用鉱物として利用されるが、透明な石にはファセットが刻まれ美しい宝石となる。青色と菫色の宝石は最も珍重される。強い多色性を示し、見る角度によって黄緑色、濃い緑色、青色が現れるため研磨する際には最高の色を出せるように石の向きを決めなければならない。結晶はガラス光沢のある長柱状やブロックのような柱状で産出する。結晶が繊維の束のように見えるフィブロライトと呼ばれる変種にはカボションカットが施される。

アルミニウムを含む珪酸塩鉱物。ある種の変成岩中に産出するありふれた鉱物である。宝石質の石の多くは砂鉱床から採取される。おもな産地はインド、ミャンマー、チェコ共和国、スリランカ、イタリア、ドイツ、ブラジル、アメリカ。

スタウロライト | Staurolite

性質

- 片面研磨
- ステップ
- カボション
- 単斜晶系
- 7～7½
- 3.7
- 1.74～1.75
- ガラス光沢から樹脂光沢

妖精の十字架
スタウロライトの双晶。「天使の十字架」とも呼ばれ、このまま宝飾品として使われることもある。

雲母片岩上のスタウロライト

スタウロライトの結晶

双晶

いろいろな形状

ステップカット
不等辺四角形の透明なスタウロライト

$(Fe,Mg)_4Al_{17}(Si,Al)_8O_{45}(OH)_3$

スタウロライト（十字石）

アルミニウムと鉄を含む珪酸塩鉱物。採掘されたままの状態で宝飾品として利用される数少ない鉱物のひとつでもある。スタウロライトの大きな特徴は十字架の形に双晶することである。名前も形にちなみ「十字」と「石」を意味するギリシア語 stauros と lithos からつけられた。アメリカでは不思議な形にまつわる言い伝えをもとに「妖精の石」あるいは「妖精の十字架」とも呼ばれる。赤褐色、黄褐色、ほぼ黒色を示す。装飾品やお守りとして身につけられることが多い。お守りは人気が高く、セオドア・ルーズベルト大統領も懐中時計の鎖につけていたといわれている。

　時おり産出する半透明から透明な結晶には収集家向けにカボションカットやファセットカットが施される。産地であるアメリカ・ジョージア州では州の宝石に指定されている。その他ブラジル、フランス、アメリカ・ニューメキシコ州でも産出する。

Sphene | スフェーン

性質

- ラウンドブリリアント
- オーバルブリリアント
- ミックスド
- 単斜晶系
- 5〜5½
- 3.5〜3.6
- 1.84〜2.03
- ガラス光沢から脂肪光沢

クッションカットのスフェーン
クッションミックスドカットを施された宝石。複屈折のためファセットが二重に見える。

くさび形の結晶

母岩上のスフェーン

二重に見えるファセット

いろいろな形状

トリアンギュラークッションカット
希少な黄色を示す石

ステップカット
黄色のスフェーン

CaTiO(SiO$_4$)

スフェーン（くさび石）

カルシウムとチタンを含む珪酸塩鉱物。チタンにちなみ命名されたチタナイトの古い名前。市場ではスフェーンでも流通する。ダイアモンドより大きな光の分散を示す鉱物のひとつ。多色性も強く角度によってほぼ無色、緑黄色、赤味を帯びた黄または黄褐色と異なる色を現す。宝石質の石は黄、緑、褐色。赤、ピンク、黒、青、無色でも産出する。

透明な結晶にファセットを刻むとみごとなファイアを放つ。軟らかいためファセットを刻んだ宝飾品として身につける場合は枠に深くはめこみ破損を避けなければならない。すばらしい輝きにもかかわらずほとんどは収集家向けにのみ研磨される。

金の指輪
たくさんのファセットを刻まれた黄色のチタナイトがあしらわれた金の指輪。

性質

- オーバルブリリアント
- ラウンドブリリアント
- ステップ
- ミックスド
- 斜方晶系
- 8
- 3.4～3.6
- 1.62～1.63
- ガラス光沢

形よく成長したトパーズの結晶
複雑な端面

上下に二分割されたメインファセット

美しいトパーズ
オーバルミックスドカットを施されたトパーズ。美しい黄金色を示している。

$Al_2SiO_4(F,OH)_2$

トパーズ（黄玉）

かつては黄色い宝石はすべてトパーズと呼ばれ、トパーズには黄色しか存在しないとされた。しかしオリエンタルトパーズと呼ばれた石の正体は実は黄色のサファイアで、トパーズにはさまざまな色がある。ブラジル産のシェリーイエロー（シェリー酒のような麦わら色）の石は珍重される。

　トパーズという名前は「火」を意味するサンスクリット語 tapaz に由来するとされる。屈折率が高いためブリリアントカットの無色の石はダイアモンドと間違われることもあった。肉眼ではアクアマリンと見分けがつかない青色の石もある。柱状結晶が形よく成長し、断面は菱形、柱面には縦方向に条線が入る。産出量の少ないピンク色の石は最も価値があるとされる。現在流通する各色のトパーズのほとんどはエンハンスメント処理されている。ビクトリア朝時代に人気のあったピンク色の石はブラジル・オウロプレット産の黄金色を帯びた褐色の石を処理したもの。産地はロシア、ブラジル、ナイジェリアなど。

　アルミニウムを含む珪酸塩鉱物。重量の20%までをフッ素と水酸基が占める。火成岩の結晶化の最終段階で放出されるフッ素を含む蒸気によって生成する。流紋岩、花崗岩、ペグマタイト、熱水鉱脈の空洞で産出する。風化に強く重いため河川堆積物に濃集する。

Topaz | トパーズ　199

トパーズのメガジェム

今日までにトパーズの大きな結晶が数多く見つかっている。現存する世界最大の結晶は271kg。1980年代にブラジルで産出した22892.5カラット（4.6kg）の石にはファセットが刻まれ、現在アメリカ・スミソニアン自然史博物館に収蔵されている。

メガトパーズ　少女の両横の大きな結晶と、足もとのファセットを刻まれた大きなカット石はいずれもトパーズ。トパーズはこのくらいの大きさまで成長する。

テーブルファセットを通してパビリオンファセットが見える

インペリアルトパーズ
メキシコ・サンルイスポトシ州で初めて採掘された、重さ8.87カラットのインペリアルトパーズ。梨形にカットされている。

トパーズのネックレス
エメラルドカットのトパーズがあしらわれたネックレス。デザインはエルザ・スキャパレッリ。

劈開面

宝石質の結晶　宝石質のトパーズの錐状結晶。劈開面は美しい青色を示している。

ステップカットのトパーズ
トパーズが示しうる最大限の透明度と色の濃さとなるようにステップカットが施された石。

たくさんの反射

こはく色の石

柱面

ミックスドカットの石

二股に分かれた石留め

トパーズの指輪
美しいピンク色のトパーズのあしらわれた金の指輪。石には八角形のステップカットが施されている。

めずらしい色

インペリアルの結晶　最上級の原石とされる赤褐色を示すブラジル産の結晶。

トパーズのブローチ　天然のピンクトパーズのまわりにダイアモンドがあしらわれている。

めずらしいピンク色のトパーズ　ペンデロクカットを施されたトパーズ。

オブシディアン | Obsidian

性質

- カボション
- 片面研磨 
- カメオ 
- 非晶質
- 珪長質、火山岩、火成岩
- ガラス
- 赤鉄鉱、長石

「アパッチの涙」
滴形の塊で産出するオブシディアンはアメリカでは「アパッチの涙」と呼ばれ、たいていは研磨される。

研磨されると光沢が出る

いびつな「涙の滴」形

貝殻状断口　ガラス光沢

鋭い割れ口を見せるオブシディアンの原石

いろいろな形状

雷の卵
球状のオブシディアンの切断面

スノーフレークオブシディアン タンブリング研磨された石

不定、おもにケイ酸塩

オブシディアン（黒曜石）

天然に産出する火山ガラス。溶岩が急に冷え、結晶が成長する前に固化すると火山ガラスが生成する。オブシディアンはおもにジェットのような黒色を示すが、ヘマタイトを含むと赤色や褐色を示す。小さな気泡を内包して金色に輝くこともある。薄い色の針状結晶がつくる直径5 mmほどの球状集合体が塊全体に散らばる変種をスノーフレークオブシディアン（雪の華、雪片黒曜石）という。

　化学組成には幅があるが、多くはシリカに富むマグマから生成する。ガラスより硬く、欠けるとカミソリのように鋭くなることもある。古い時代のネイティブアメリカンはこの石から武器、道具、装飾品をつくっていた。現在では彫刻やカボションカットが刻まれる。おもな産地はイタリア、アイスランド、アメリカ・イエローストーン国立公園のオブシディアンクリフ（黒曜石の崖）など。

Moldavite｜モルダバイト 201

気流によって生じたさざ波模様

空気の力によって生じた形

未研磨のモルダバイト

内部の流理構造が見える

内部に現れた色の変化

ファセットを刻まれた宝石
オーバルブリリアントカットを施された透明なモルダバイト。

性質

オーバルブリリアント ラウンドブリリアント

- 非晶質
- 5
- 2.4
- 1.48〜1.51
- ガラス光沢

おもにSiO_2

モルダバイト

大きな隕石が地球と衝突したときに生成するガラスであるテクタイトの一種。おもにオリーブのような緑色から緑色を帯びた艶のない黄色を示す。直径は約1 mmから数 cm。研磨されずにペンダントに使われる。比較的もろい石だがファセットを刻まれることもある。

　モルダバイトの起源は1500万年前に現在のドイツ・バイエルン州ネルトリンガー・リースに落ちた巨大な隕石にあると考えられている。衝突の熱によって溶けた砂岩が数百 km 東に飛び散り急冷されてガラスになり、そのほとんどがチェコ共和国のボヘミア地方に落下した。モルダバイトの名前は落下した町モルダウタインにちなむ。ドイツやオーストリアで産出することもある。モルダバイト以外のテクタイトは南極と南アメリカを除く全大陸で見つかっている。

生物のつくる宝石

太古から人類は羽や葉、貝殻や骨など生物由来の素材に手を加えて、身の回りを飾ってきた。生物のつくる宝石とは生物の活動によってつくられた、あるいは生物体そのものに起源をもつ宝石である。

分類

生物のつくる宝石の定義は幅広く、その中にはいくつものグループが含まれる。最も大きなグループは方解石やアラゴナイトといった結晶質からなる宝石である。生物活動に由来する方解石やアラゴナイトも、地質作用に由来する鉱物である方解石やアラゴナイトも同じ物質である。このグループには貝殻、真珠、真珠層、赤サンゴが含まれる。

加工しやすい素材

鉱物起源の宝石と同じように生物のつくる宝石も美しさと耐久性が高く評価される。生物のつくる宝石は鉱物よりも軟らかく、簡単な方法で加工できるため古代にはとりわけよく使われていた。

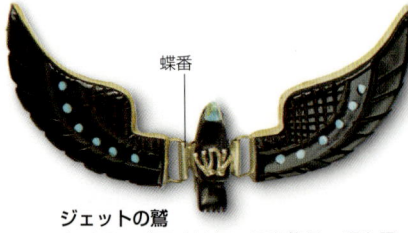

蝶番

ジェットの鷲
ネイティブアメリカンの宝飾品。羽と胴部にはジェット（黒玉）、くちばしと羽の埋めこみにはトルコ石、金属部には銀が使われている。

大きさ順につなげられたサンゴ

サンゴのネックレスとブローチ
研磨された赤サンゴの枝でつくられた1950年代のネックレス。ブローチは赤サンゴのビーズでできている。

マヤの貝殻のペンダント
マヤ文明のペンダント。マヤの神の横顔とマヤの象形文字が貝殻に彫られている。

象形文字

二枚貝の上の真珠
大きさも色も異なる真珠が二枚貝の貝殻の上に集められている。一番上は黒真珠。

Amber | こはく　203

性質

- カボション
- 片面研磨
- ビーズ
- カメオ
- なし
- 2〜2½
- 1.1
- 1.54〜1.55
- 樹脂光沢

樹脂のような外観

透明なカボション
とてもめずらしい透明なこはく。ドームの高い両面カボションが施されている。

半透明のこはくの塊

高品質のこはくの破片

高い透明度

いろいろな形状

研磨されたビーズ
加工中にひび割れが生じたこはくのビーズ

(C,H,O)

こはく

おもに絶滅した針葉樹の樹脂が化石化したものである。さらに年代の古い樹木が分泌したこはくによく似た物質も知られている。多くは黄色から金色、時に赤色、緑色、菫色、黒色を示す。透明度はさまざまだが、中には植物や動物を内包する石もある。こすると静電気が生じ、この性質を利用するとプラスチックや類似の石と区別できる。

こはくは古代から利用されていた。紀元前3000年につくられたこはくのビーズが出土している。交易の品としても取引されていた。イギリスの青銅器時代の埋葬地からはこはくを削ってつくられたカップが出土している。数千年にわたって最も多く産出し続けている産地はバルト海の沿岸。

こはくのイヤリング
滴形に研磨されたこはくのイヤリング。台座は銀製。

ジェット | Jet

性質

- カボション
- 片面研磨
- カメオ
- 非晶質
- 2½
- 約 1.3
- 1.64〜1.68
- ビロード光沢から蝋光沢

最高品質のジェットは磨くと艶を帯びる

バラの彫刻

層状構造

他の有機物

ウィットビー産のジェットの破片

ビクトリア朝時代の彫刻
バラと渦巻き模様の葉の彫られた 19 世紀後半の作品。良質のジェットには複雑な模様を彫刻できる。

いろいろな形状

ジェットの卵 ジェットでつくられた卵の置物

さまざま

ジェット（黒玉(こくぎょく)）

人類は古くからジェットを利用してきた。先史時代の洞窟からはジェットの彫り物が発掘されている。古代ローマ人はジェットで腕輪やビーズをつくった。中世の時代、ジェットには薬効があるとされ粉末にして水やワインに混ぜて飲まれた。ジェットは宗教とも長いかかわりがある。中世のスペインでは巡礼者向けにジェットの彫り物が売られていた。修道士のロザリオにも古くからジェットが使われている。

一般に褐炭に分類される。炭素を多く含み、層状構造を示す。褐炭はたいてい陸上で泥炭から生成するが、ジェットの場合は海に起源をもつ岩石中で産出する。水を含んで重くなった流木などの植物に由来すると考えられる。小さなパイライト（p.55）を内包すると金属光沢を示すこともある。

ジェットのペンダント
ジェットを彫刻、研磨してつくられた、ハートをくえた鳩のペンダント。

Copal | コーパル　205

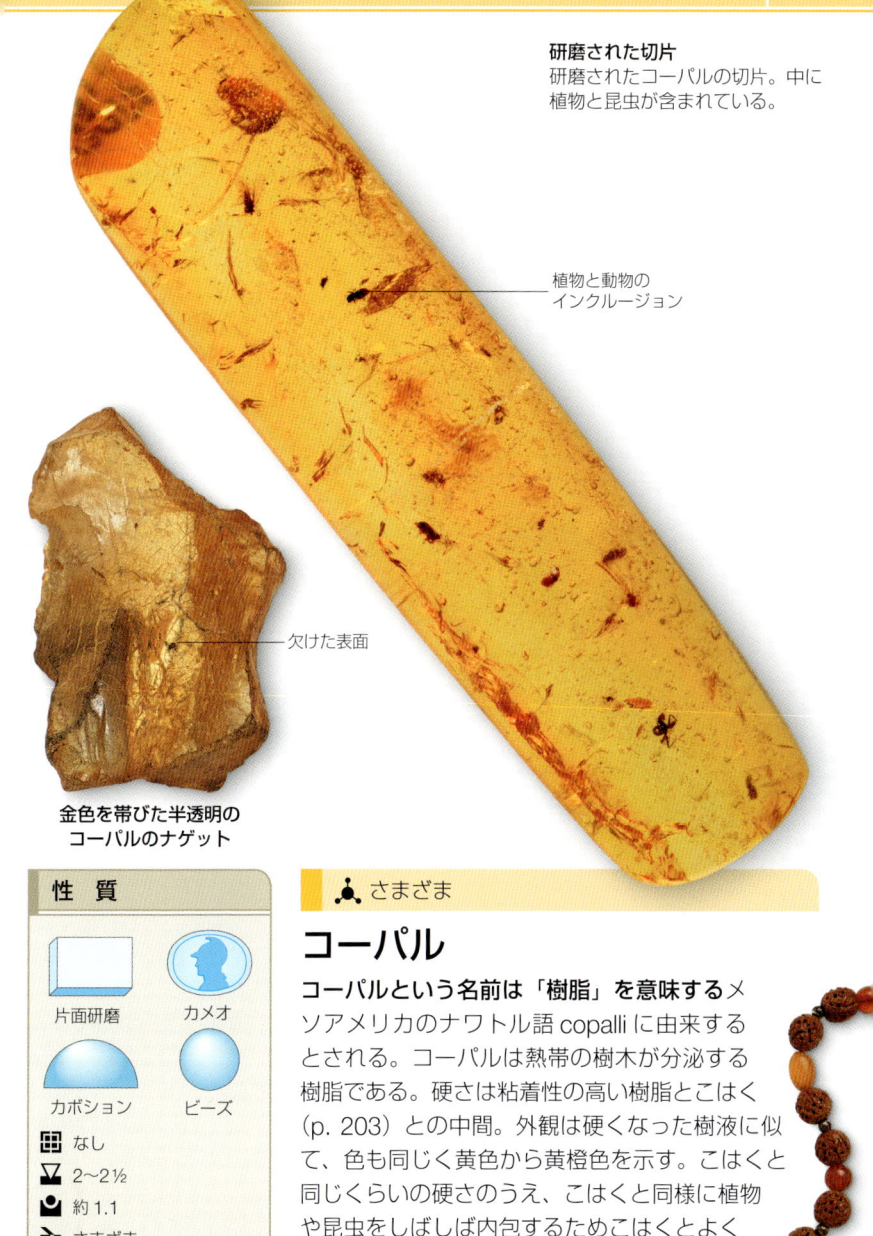

研磨された切片
研磨されたコーパルの切片。中に植物と昆虫が含まれている。

植物と動物の
インクルージョン

欠けた表面

金色を帯びた半透明の
コーパルのナゲット

性質

片面研磨
カメオ
カボション
ビーズ

- なし
- 2～2½
- 約1.1
- さまざま
- 樹脂光沢

さまざま

コーパル

コーパルという名前は「樹脂」を意味するメソアメリカのナワトル語 copalli に由来するとされる。コーパルは熱帯の樹木が分泌する樹脂である。硬さは粘着性の高い樹脂とこはく（p. 203）との中間。外観は硬くなった樹液に似て、色も同じく黄色から黄橙色を示す。こはくと同じくらいの硬さのうえ、こはくと同様に植物や昆虫をしばしば内包するためこはくとよく間違われる。生きている樹木の下の土壌に埋没したコーパルの耐久性はこはくに最も近く、肉眼では両者を区別できないことが多い。

　宝石としてのコーパルはこはくと同じような用途で利用される。ザンジバル、南アメリカ、中国では埋没したコーパルが採掘される。

コーパルのネックレス　こはくによく似たコーパルのビーズのネックレス。種や木の実からつくられたビーズが間に挟まれている。

| 貝　殻 | Shell

性質

- カボション
- カメオ
- 片面研磨
- 三方晶系、斜方晶系、非晶質
- 2½
- 約 1.3
- 1.53〜1.69
- 無艶からガラス光沢

イリデッセンス（虹色）
アワビの貝殻

細かく彫られている

ビクトリア朝時代のブローチ
金の枠に納められたカメオ。女性の横顔を描いたカメオの素材は貝殻である。

おもに $CaCO_3$

貝　殻

海洋性、淡水性、いずれの貝殻も昔から装飾品や彫刻素材として利用されてきた。18世紀後半から19世紀になると貝ボタンの加工機が開発され真珠のような光沢を放つ貝殻がさかんに使われるようになった。海洋性の貝殻の需要が高まり真珠そのものよりも真珠貝（p. 209）に人気が集まった。貝殻は象眼、ビーズなど装飾用の素材としても利用された。層ごとに色の異なる貝殻には古くからカメオが彫られている。貨幣として貝殻を用いた地域もあった（右ページ、囲み参照）。

サンゴ（p.212）と同じく生物の活動によって生成する鉱物、生体鉱物であり、色も形も大きさもさまざまである。軟体動物の体を覆う硬い殻で、方解石やアラゴナイトといった鉱物成分からなる。方解石とアラゴナイトは形の異なる炭酸カルシウムの結晶であり、軟体動物の皮膚のような組織、外套膜の細胞から分泌されて層状の貝殻をつくる。貝殻成分の分泌のしかたは軟体動物によって異なる。このため機械的性質も時には色もそれぞれ特有の微細構造をもつ貝殻となる。軟体動物の種類によって炭酸カルシウムの層の数、層の組成（アラゴナイトだけ、またはアラゴナイトと方解石）、層の並び方は変わる。

Shell｜貝　殻　207

トルコ石の上張り

ネイティブアメリカンのペンダント　ショウジョウガイの貝殻のペンダント。一部がトルコ石、ジェット、真珠貝で飾られている。

香水びん　二枚貝の貝殻からつくられたビクトリア朝時代の香水びん。栓、鎖、リングは真ちゅうでできている。

研磨された二枚貝の貝殻

濃い紫色

タカラガイのカメオ　タカラガイに彫られたカメオ。日本の女性が描かれている。

イミテーションの真珠

べっ甲の櫛　亀の甲を彫ってつくられたみごとな櫛。

貝殻でできた繊細な花びら

花のピン　イリデッセンスを放つ花びらと、ラインストーンで囲まれた宝石が中央にあしらわれた花の形のピン。イアン・セント・ジラーの作品。

ピンク色の内層

クモガイ　色の異なる層からなるクモガイはカメオの素材に向く。

貝殻の貨幣

コヤスガイの交換　コヤスガイを交換するアラブの商人たちが描かれている。1845年の作品。

古代から19世紀まで貝殻は世界各地でそのまま、あるいはビーズなどに加工されて品物と交換されていた。交換手段すなわち貨幣として使われた貝殻の中でよく知られているのはコヤスガイの一種キイロダカラ。アフリカ、南アジア、東アジア各地を結ぶ貿易で使われた。

とげ

ショウジョウガイ　貝殻の内側は真珠層からなり、象眼細工の素材に用いられる。

アンモライト | Ammolite

アンモライトのカボション
自由形のカボションカットを施されたアンモライト。遊色がとても魅力的である。

薄い層を張り合わせてある

渦を巻く貝殻

アンモナイトの貝殻

性質

カボション　片面研磨

- 斜方晶系
- 4½～5
- 2.6～2.8
- 1.52～1.57
- 樹脂光沢

♣ アラゴナイト、$CaCO_3$

アンモライト

アンモナイト（螺旋構造をもつ絶滅した頭足類。現生生物のオウムガイに近い種）の貝殻が化石化した、生物に起源をもつ宝石である。比較的最近、流通するようになった。殻は真珠（p. 209）と同じくおもにアラゴナイト（p. 79）からなる。方解石（p. 76）、シリカ、パイライト（p. 55）などの鉱物を含むこともある。

　最高品質のアンモライトはオパールの示す遊色のようなイリデッセンスを放つ。色調は緑色や赤色が多いが、その他の色もさまざまな割合で現れる。アンモライトのイリデッセンスはアラゴナイトの微細構造（板状のアラゴナイトからなる薄層）に起因する。アンモライト自体とても薄く、厚くても0.5～0.8 mmである。裏側にはたいてい頁岩や白亜質の粘土、石灰岩などがついている。とても薄いためダブレットやトリプレットに加工されることが多い。宝石質のアンモライトはカナダ・アルバータ州からサスカチュワン州、アメリカ・モンタナ州南部にかけて産出する。さらに南に下ったユタ州中部にも小さな鉱床がある。

Pearl｜真珠

性質

- カメオ
- ビーズ
- 斜方晶系
- 3
- 2.7
- 1.55～1.68
- 真珠光沢

真珠のネックレス 真珠と透明なカットビーズを交互に組み合わせた多連のネックレス。イタリアのコッポラ・エ・トッポの作品。

透明なビーズ

黒真珠

イリデッセンスを放つ真珠貝

真珠貝の上の黒真珠

何連にもねじり合わされた宝石のひも

いろいろな形状

バロック真珠 いびつな形の真珠

養殖真珠 異なる色を示す4粒の養殖真珠

コンク真珠 めずらしいピンク貝（別名コンク貝）の真珠

おもにCaCO$_3$

真珠（パール）

軟体動物には貝殻成分を分泌する細胞が分布している外套膜という層がある。 この分泌細胞が体を守るために異物のまわりにつくる同心円状の層が真珠である。貝殻の中にはわずかだがコンキオリン（角質に似た有機物）を含むものもある。コンキオリンはアラゴナイト（貝殻と同じ成分）といっしょに真珠を形成する。貝殻の内側に真珠層のある軟体動物のつくる真珠が最も美しい。

　黄、白、クリーム、緑、黒、青、ピンク色を示す。最高とされる真珠は球形あるいは滴形で深い光沢と真珠特有の遊色を放つ。海洋性の貝のつくる真珠をオリエンタル真珠、淡水性の貝のつくる真珠を淡水真珠という。

アールデコのピン 真珠と黒真珠と小粒の石があしらわれた1930年代、アールデコのピン。

真珠の養殖

潜水して採取する天然の真珠は数が少なく、形も色も品質もさまざまである。現在は養殖技術の進歩によって大きさも色も品質もそろった真珠が市場に大量に流通している。

養殖真珠の歴史

真珠の養殖は 13 世紀に中国で始まったとされる。はじめの頃は淡水性のイガイを利用していた。最初に登場したのは、イガイの体と貝殻との間で生成する半球形の「ブリスター」真珠。真円真珠の養殖と生産は日本の御木本幸吉によって 1890 年代に始められた。御木本は何度も実験を重ねる中で、真珠層を小さな球形に加工しイガイの組織に移植（核入れ）すると、完全に球形の真珠が生成することを発見した。

フビライ・ハーンの時代の真珠漁

ベニスの商人であり旅行家であったマルコ・ポーロの旅行をもとに 15 世紀に書かれた書物の挿絵。真珠の採取とトルコ石の採掘を独占していたモンゴル皇帝フビライ・ハーンが描かれている。

真珠の養殖

現在、真珠の養殖は淡水と海水のいずれでも行われている。まず真珠をつくる二枚貝の稚貝を 2～3 年間コンテナの中で育ててから小さな球形の核を移植する。移植のすんだ二枚貝はロープに吊るしたり、コンテナに入れたりして、沿岸や深めの淡水といった自然環境の中で飼育する。時々漁師が潜って餌となるプランクトンの量や混み具合を管理する。収穫の時期は 13 か月から 2 年ほどが経ったころ。貝を引き上げ真珠を取り出す。

真珠の収穫

真珠貝はできるだけ大きく成長するようにひもで吊るされる。後方に写る人影は収穫準備のために潜ってきた漁師。

真珠の色

真珠の価値は色によって決まる。その色は真珠が育った水に起因する。日本産はクリーム色や緑色を帯びた白色、ペルシア湾産はクリーム色、メキシコ産は黒色や赤みを帯びた褐色、スリランカ産はピンク色、オーストラリア産は緑色あるいは青色を帯びた白色。

金のスペーサービーズ

華やかなクリーム色の真珠
球形と滴形の養殖バロック真珠をつないだ1960年代のネックレス。ローズモンテ（爪付き台座にとめられたラインストーン）で飾られている。

ピンク色の真珠
ピンク色の真珠は人気が高い。写真のひもでつながれた真珠は色も大きさもそろっている。

楕円形のバロック真珠

バロック真珠

ピンク色の真珠の櫛
精巧な細工の施された金の櫛。形も大きさもさまざまなバロック真珠にファセットを刻んだ石が添えられている。

白色金の台座

養殖真珠のブローチ
球形の真珠の上にとまるフクロウ。腹部は楕円形の真珠、体全体にはダイアモンドがちりばめられている。スミソニアン・コレクションの所蔵。

色のそろった真珠

白色の真珠のブローチ
養殖真珠のあしらわれた楕円形のブローチ。中央部には白色金の上にダイアモンドがちりばめられ真珠が大きさの順に並べられている。

黒真珠のネックレス
黒色の真珠は天然ではあまり産出しない。養殖の方法も他の色の真珠よりも複雑である。このため黒真珠は珍重される。

サンゴ | Coral

性質

- カボション
- 片面研磨
- ビーズ

結晶系	三方晶系、非晶質、斜方晶系
硬度	3½
比重	2.6〜2.7
屈折率	1.49〜1.66
透明度	不透明

サンゴのカボション 高いドームのカボション。きれいな色の硬いサンゴを研磨してつくられた。

よく研磨された表面

枝

赤サンゴの枝

いろいろな形状

黒サンゴのカボション めずらしい黒サンゴから削られた細長いオーバルカボション

赤サンゴのカボション 厚みがありドームの高いオーバルカボション

$CaCO_3$/コンキオリン

サンゴ

海に生息するサンゴ虫の生成する骨格物質。 ほとんどのサンゴは炭酸カルシウムからなる。黒色や金色のサンゴはコンキオリンという角質に似た物質からなる。加工する前は艶がなく、磨くと光沢を放ち宝石とされる。長い間、身につけているうちに光沢は失われる。弱酸でも劣化する。彫刻、ビーズ、象眼の素材とされる。カボションカットを施され宝飾品にも使われる。枝に似た形のサンゴは磨いてひもに通して利用される。

赤サンゴは古代ローマ時代には盾やヘルメットの飾り、あるいは宝飾品として使われた。赤やピンク色の美しいサンゴは日本、マレーシア、地中海、アフリカ周辺の暖かい海で、黒色や金色のサンゴは西インド諸島、オーストラリア、太平洋諸島で産出する。

サンゴのピン オーバル形と滴形のカボションカットを施されたサンゴ。

Ivory｜象牙　213

性質

- カメオ
- ビーズ
- ⊞ 非晶質
- 2
- 1.9
- 1.53～1.54
- 無艶から脂肪光沢

天然の条線

セイウチの牙

象牙の彫り物
古代ローマ人の顔が刻まれたアフリカ象の牙。紀元前4、5世紀に流行した図柄。

深く彫られている

いろいろな形状

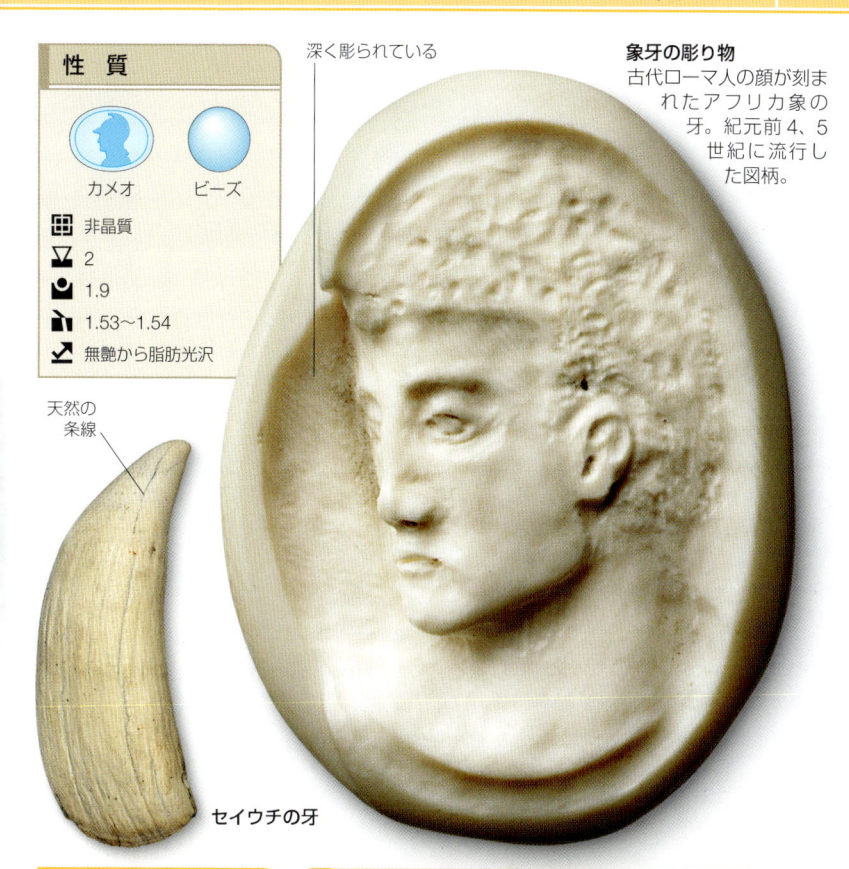

化石の牙　絶滅した象に似たほ乳類マストドンの化石化した歯

♦ ヒドロキシリン酸カルシウムおよび有機物

象牙（アイボリー）

動物の歯や牙をつくる組織、象牙質の一種。象牙はいろいろなものに使われる。古代ギリシアやローマでは彫刻を施して芸術作品、宗教用具、飾り箱などがつくられた。中国でも長い歴史があり、紀元前1世紀にはアジア、アフリカ、ヨーロッパをつなぐシルクロードを伝って貿易されていた。

おもに象の牙が使われるが、カバ、セイウチ、豚、マッコウクジラ、イッカクなどの牙も利用される。

　プラスチックなどの合成品ができる前は、象牙を使ってビリアードの球やボタンなどの装飾品がつくられていた。現在では多くの国で輸入や売買が禁じられたり制限されたりしている。

象牙のネックレス
20世紀初頭のネックレス。細かく彫刻された象牙のビーズでできている。

用語解説

太字は別項目があることを示す。

アルカリ岩 カリウムやナトリウムに富む鉱物をたくさん含む火成岩の総称。

アレキサンドライト効果 同じ宝石でも自然光下と白熱灯下とで異なる色を示す現象。

イリデッセンス 石の内部構造によって反射される光が生みだす虹のような遊色。

インクルージョン 鉱物結晶や岩石の中に含まれる別の物質の結晶や断片。内包物、包有物ともいう。

隕石 宇宙から地表に落下した岩石。

隠微晶質 顕微鏡でなければ見えないほど小さな粒状結晶からなる組織。潜晶質ともいう。

雲母 アルミニウム、カリウムを含む珪酸塩鉱物のグループ。二次元シートをなす層状構造を示す。

X線回折法 結晶を通り抜けたX線が回折することによって得られる像から結晶構造を決定する方法。**回折**も参照。

貝殻状断口 貝殻のような曲線を示す断口。多くの鉱物やある種の岩石に見られる。**断口**も参照。

塊状 特定の形を示さない鉱物の外観。

回折 光が障害物の背後に回りこむ現象。その結果、回りこんだ光は構成する色の光に分かれる。**X線回折法**も参照。

花崗岩 おもに長石、石英、雲母からなる岩石。

火成岩 溶岩が固化して生成した岩石。

化石 地殻岩石に保存された生物の痕跡。骨や貝殻だけでなく足跡、排泄物、巣穴なども含まれる。

カッティング 原石を削り磨いて宝石の形に仕上げる工程。**カット**、**宝石**も参照。

カット 原石を削り研磨して仕上げる最終的な宝石の形。たとえばエメラルドカット。**宝石**、**カッティング**も参照。

ガーネット 一般式 $A_3B_2(SiO_4)_3$、A は Ca、Fe^{2+}、Mg、Mn^{2+}、B は Al、Cr、Fe^{3+}、Mn^{3+}、Si、Ti、V、Zr で表される珪酸塩鉱物のグループ名。ざくろ石ともいう。

カボション 上部はドーム形、下部は水平またはドーム形に研磨された宝石。このような形に仕上げる研磨方法をカボションカットという。**宝石**、**原石**も参照。

カメオ 層状の石や貝殻に施された低い浮き彫り。背景部分は削り取る。**カット**、**カッティング**も参照。

ガラス 結晶構造を示さない硬い物質。その実態はきわめて濃厚な液体である。**ガラス状組織**も参照。

ガラス光沢 ガラスに似た輝き。**光沢**も参照。

ガラス状組織 急速に固化したためにガラスが形成された、均一な粘度を示す火成岩。**ガラス**、**組織**も参照。

カラット 宝石の重さの単位。1カラットは0.2g。金の純度を表す場合もある。純度100%の金を24カラット（24金、K24）とする。75%の金は18金。**宝石**も参照。

干渉 宝石内部の薄層から反射される光が打ち消し合ったり、強め合ったりする現象。

貫入岩体 先に生成していた岩石に火成岩が侵入して生成した岩体。**噴出岩**も参照。

貫入双晶 2種類以上の結晶が中心を共有し、互いに貫入しているように

用語解説

見える現象。**双晶**も参照。

輝石 21種類の造岩珪酸塩鉱物からなるグループ。細長い結晶が多い。

希土類鉱物 17種類の希土類元素（おもにイッテルビウム、ガドリニウム、ネオジム、プラセオジム、セリウム、ランタン、イットリウム、スカンジウム）を1種類あるいは複数、大量に含む鉱物。

共生鉱物 いっしょに成長した別の種類の鉱物。必ずしも連晶である必要はない。**連晶**も参照。

金属 電気および熱伝導性、展性、耐久性に優れ、光をよく反射する物質。

金属光沢 よく磨いた金属に見られるような光沢。**光沢**も参照。

屈折率 光が石に入ったのち速度が落ちて進行方向を変える度合い。カットした宝石やある種の鉱物の鑑定に利用する。**カット、宝石**も参照。

珪化 岩石の中にケイ酸が浸透し硬い珪質岩になること。

珪長質岩 65％以上のシリカおよび20％以上の石英からなる火成岩。酸性岩とも呼ばれる。

結晶軸 結晶の対称性を示すために選ぶ座標軸。最も高い対称の次数をもつ回転軸を結晶軸とする。

原石 研磨加工する前の宝石。**カット、宝石**も参照。

元素鉱物 自然界で他の元素と結合せず単独で産出する元素。

鉱石 採算がとれるほどの金属を回収できる鉱物や岩石。

交代鉱床 変成した鉱物からなる鉱床。**変成生成物**も参照。

光沢 光が反射して生じる鉱物の輝き。

鉱物グループ 共通の構造または化学特性を示す2種類以上の鉱物のまとまり。

固溶体 均一に溶け合った複数の物質からなる鉱物。両端の成分物質は固定され、その間で成分物質の割合が連続的に変化する一連の鉱物を固溶体系列という。

コンクリーション 丸い団塊状の岩石。おもに砂岩、頁岩、粘土の中で周りの岩石から生成する。

金剛光沢 ダイアモンドに似たまばゆい光沢。**光沢**も参照。

再結晶 成分が再移動して新たな鉱物や鉱物結晶が生成する現象。新しい岩石が生成する場合もある。石化や変成作用の間に起こる。**石化作用**も参照。

砂鉱床 風化した鉱物

からなる鉱床。高い比重のため河床や海岸に濃集して形成される。

酸化 酸素と結合する作用。鉱物の場合、酸素は空気や水に由来する。

サンストーン インクルージョンとして内包する小さな板のような酸化鉄鉱物が互いに平行に並ぶ長石の変種の宝石。**宝石**も参照。

四面体結晶 四つの三角形の面からなる結晶。

シャトヤンシー カボションカットを施すことによって猫の目（キャッツアイ）のように見える光の現れる現象。**カボション**も参照。

集合体 鉱物の結晶や岩石の断片の集まり。

樹脂光沢 樹脂に似た光沢。**光沢**も参照。

樹枝状晶癖 枝を広げた樹のような結晶の形。**晶癖**も参照。

準長石 アルミノ珪酸塩鉱物で化学組成は長石と似るが、長石よりシリカに乏しく、長石とは構造が異なる鉱物の総称。

条線 結晶に現れる平行な溝や線。

晶洞 中が空洞で、空洞の内壁に結晶の張り付いた丸い団塊。ジオードともいう。**ノジュール**も参照。

鍾乳石状晶癖　放射状に並んだ結晶成分が先細りになり、つららのような外観を示す晶癖。**晶癖**も参照。

晶　癖　成長の様子がわかる、鉱物の示す外観。鉱物の晶癖は結晶構造に起因する。

シラー効果　結晶の中から明るい色の光が輝く現象。多くは小さな柱状結晶を内包することに起因する。閃光ともいう。

シリカに乏しい岩石　シリカ含量が50%以下の岩石。**シリカに富む岩石**も参照。

シリカに富む岩石　シリカ含量が50%以上の岩石。**シリカに乏しい岩石**も参照。

針状晶癖　針のような結晶の形。**晶癖**も参照。

針状断口　小さな突起のたくさんある不均一な表面の断口。たとえば金のナゲット。**ノジュール**も参照。

錐状晶癖　側面が1点を共有する晶癖。2個の錐状結晶が底面を共有する晶癖を両錐状という。**晶癖**も参照。

水磨礫　岩石や鉱物が水の流れによって磨耗し生成した、丸みを帯びた礫。

ゼオライト　簡単に水を結合したり失ったりする含水アルミノ珪酸塩鉱物。沸石ともいう。

石化作用　固まっていない堆積物が固化して石になる作用。**再結晶**も参照。

接触双晶　2個以上の結晶が接触したまま同じ方向に成長し、一つの面を共有する現象。**双晶**も参照。

選択吸収　結晶が成長する間に結晶面によって吸収する微量元素が異なる現象。

双　晶　まったく同じ結晶方位でいっしょに成長し、左右対称になる共通の面をもつ2個の結晶（接触双晶）、あるいは互いに90度以下の角度で成長し、貫入しているように見える2個の結晶（貫入双晶）。その他にもいろいろな種類の双晶がある。

組　織　岩石粒や結晶の大きさ、形、構成成分の並んでいる状態などが示す特徴。

堆積岩　水からの沈殿物あるいは地表の堆積物から生成した岩石。

卓状晶癖　シリアルの箱のような形の晶癖。**晶癖**も参照。

多色性　鉱物や宝石が、見る方向によって異なる色を示す現象。

断　口　鉱物が劈開とは関係のない面で割れたときの割れ目。割れ口ともいう。

タンブリング研磨　バレル（樽）の中で研磨剤といっしょに原石を回転させて研磨する方法。

端　面　結晶の端をつくる面。

柱状晶癖　長方形の結晶面で囲まれた角柱のような晶癖。**晶癖**も参照。

沖積層　河川によって運ばれてきた土砂のつくる堆積層。

土光沢　まったく光を反射しない光沢を表す。**光沢**も参照。

二十四面体結晶　24個の側面（3個の八面体）からなる結晶。

二色性　鉱物や宝石が見る方向によって異なる二色を示す現象。

熱水鉱床　地殻深部から上昇した熱水によって形成された鉱物鉱床。

熱水鉱脈　地殻深部から上昇した熱水によって鉱物が堆積した岩石の割れ目。**熱水鉱床**、**ペグマタイト**も参照。

粘　土　約0.002mm以下の鉱物粒子。

ノジュール　一般に堆積物が凝集して形成した、周りの堆積岩とは区別できる丸い塊。団塊ともいう。

八面体結晶　底面を共有する2個の四角錐からなる結晶。

用語解説 217

半金属 ヒ素やビスマスのような展性の乏しい金属。**金属**も参照。

板状晶癖 平らで薄い結晶の示す晶癖。**晶癖**も参照。

比　重 同じ体積の水の質量に対する鉱物の質量の割合。数字の上では比重は密度（体積当たりの質量）と等しい。

微粒質 非常に小さいため顕微鏡でしか見ることのできない結晶からなる組織。

ファイア 宝石に入った白色光が七色に分かれて出てくる現象。

ファセッティング 宝石に平らなファセット（面）を刻み三次元の幾何学的な形に仕上げること。**カット**、**宝石**、**カッティング**も参照。

複屈折 石に入った光が2種類の屈折光に分かれる現象。

副成分鉱物 岩石中に産出するものの非常に少量のため岩石の分類には考慮されない鉱物。

ぶどう状晶癖 ぶどうの房に似た、粒状結晶の集合体の形。**集合体**、**晶癖**も参照。

分　散 白色光が構成する色成分に分かれること。

噴出岩 地上に流れ出た、あるいは火砕物（爆発で砕けたマグマ）として噴出した溶岩から生成した岩石。**貫入岩体**、**溶岩**も参照。

劈開（へきかい） 鉱物が平面に沿って割れる性質。割れる方向は鉱物内部の原子の構造によって決まる。

ペグマタイト 大きな結晶からなる熱水鉱脈。**熱水鉱脈**も参照。

偏三角面体結晶 底面を共有する2個の六面体錐状結晶からなる結晶。

変成岩 既存の岩石が圧力または熱（あるいは両方）の作用を受けて変化した岩石。

変成作用 熱、圧力、化学的作用が及ぼす、岩石や鉱物を別の岩石や鉱物に変える作用。

変成生成物 変成作用を受けて生成した新たな岩石や鉱物。

偏菱二十四面体結晶 24個の側面（各面は不等辺四辺形）からなる結晶。

宝　石 宝飾品にあしらわれたカット石。宝飾品に加工される前のカット石を指す場合もある。色、希少性、組織、美しさ、透明度が評価される。本書では単に「石」とも書き表す。

母　岩 大きな結晶が乗っている、あるいは埋もれているように見える細粒状の岩石。おもに火成岩に用いる。

ポッチオパール 遊色を示さない不透明または半透明のオパール。価値が低いとされる。

マグマ 地下で生じる溶けた岩石。地下で固結したり、あるいは地表に流れ出たりする。

脈 種類の異なる岩石の割れ目を満たす、薄いシート状の岩石の塊。

無艶光沢 ほとんどあるいはまったく光を反射しない光沢を表す。**光沢**も参照。

ムーンストーン 銀色または青色を帯びたイリデッセンスを示す宝石質の長石鉱物。長石の中でもとくに斜長石に属する数種類をムーンストーンと呼ぶこともある。

面 結晶を形づくる外側の平らな表面。

網　状 網のように見える結晶の模様。

溶　岩 地表に流れ出た溶けた岩石。**マグマ**も参照。

粒状組織 粒を含む、または粒のような形を示す鉱物や岩石の組織。**組織**も参照。

菱面体結晶 歪んだ立方体のような形の結晶。

連　晶 2種類以上の結晶が互いに平行に、あるいは貫入して成長した状態。**共生鉱物**も参照。

索　引

ページの**太字**は見出し項目

【あ】
アイオライト（菫青石）　21, **158**
アイドクレース　174
アイボリー　➡象牙
アウイン（藍方石）　19, **135**
青色閃光　23
亜灰長石　➡バイトウナイト
アクアオーラ　33
アクアクォーツ　96
アクアマリン　19, 24, 37, 49, **164**
アクシナイト（斧石）　**173**
アクチノライト（緑閃石）　153
アクロアイト　160, 161
アゲート　➡メノウ
アズライト（藍銅鉱）　15, 16, 20, **81**
アニョライト　176
アパタイト（燐灰石）　18, **88**
アパッチの涙　200
アフリカンジェイド　181
アベンチュリン　30, **104**
アベンチュリンガラス　104
アベンチュリンフェルドスパー　104, 128
アマゾナイト（アマゾンストーン）　13, 124, 170, 171
アメサイト　138
アメシスト（紫水晶）　9, 11, 15, 16, 20, 21, 24, 37, 101, **102**, 103
アメトリン　21, 101
アラゴナイト（霰石）　**79**, 202, 206, 208, 209
アラバスター（雪花石膏）　10, 76, **93**, 170
アルカリ岩　214
アルカリ長石　123, 128
アルバイト（曹長石）　**125**
アルマンディン（鉄ばんざくろ石）　9, 11, 34, **179**
アレキサンドライト　17, **68**
アレキサンドライト効果　214
アレキサンドライトサファイア　59
アンダルーサイト（紅柱石）　**187**
アンチゴライト　138
アンドラダイト（灰鉄ざくろ石）　**180**
アンブリゴナイト（アンブリゴ石）　**85**
アンモナイト　208
イエローサファイア　61〜63
イリデッセンス　23, 116, 127, 129, 145, 149, 187, 206, 208, 209, 214
インクルージョン（内包物、包有物）　9, 14, 28, 29, 35, 39, 69, 71, 104, 108, 128, 149, 214
隕　石　214
インディコライト　17, 160, 161
隠微晶質　214
インペリアルジェイド　49, 150
インペリアルトパーズ　199
ウォーターサファイア　158
ウォーターメロントルマリン　160, 161
ウバロバイト　**186**
ウルのスタンダード　131
雲　母　214
エイラットストーン　140
エチオピアンオパール　121
X 線回折法　214
X 線照射　166
エピドート（緑簾石）　**175**
エメラルド　9, 20, 24〜26, 33〜35, 37, 133, 156, **169**, 170
　合成——　35
エルバイト（リチア電気石）　49, **160**, 161
エンスタタイト（頑火輝石）　**145**
エンハンスメント　**32**, 33, 198
オイル　169
黄　玉　➡トパーズ
黄鉄鉱　➡パイライト
オクシデンタルキャッツアイ　105
オーソクレース（正長石）　13, 14, 18, **123**, 128
オッペンハイマーダイアモンド　51
オニキス　**117**
斧　石　➡アクシナイト
オパール　8, 21, 35, 37, 119〜122
　合成——　35
　——の貼り合せ石　34
オパールカメオ　36
オブシディアン（黒曜石）　8, 15, 22, 49, **200**
オリエンタルエメラルド　63
オリエンタル真珠　209
オリエンタルトパーズ　198
オリゴクレース　128
オリビン（かんらん石）　193
オレンジサファイア　61

【か】
貝　殻　11, 202, **206**, 207
　アワビの——　206
貝殻状断口　19, 214
灰重石　➡シェーライト
塊　状　15, 214
回　折　120, 129, 214
灰鉄ざくろ石　➡アンドラダイト
回転軸（回転対称軸、対称軸）　12
灰ばんざくろ石　➡グロッシュラー
海泡石　➡メアシャム
カイヤナイト（藍晶石）　29, **192**
灰簾石　➡ゾイサイト
火炎溶解法（ベルヌーイ法）　34
輝　き　122, 123, 125, 128, 129
カギマ　37
角閃岩　177
花崗岩　214
カストライト　141
火成岩　10, 214
化　石　214
滑　石　18
カッティング　214
カット　9, 214
カット石　**49**
加熱（処理）　32, 50, 62, 93, 98, 101, 102, 106, 163, 165, 177, 190, 191
ガーネット（ざくろ石）　9, 11, 24, 37, 179〜181, 183〜186, 214
カーネリアン（コーネリアン、紅玉髄）　37, 49, **111**, 171
カーネリアンアゲート　111
カーネリアンオニキス　117
カボション　30, 214
雷の卵　200
カメオ　31, 214
ガラス　214
ガラス光沢　22, 214
ガラス状組織　214
カラーチェンジサファイア　59, 62
カラット　9, 44, 214
カリナンダイアモンド　51, 53
カリフォルナイト　174
カルサイト　➡方解石

索引

【か】(続き)

カールスバッド双晶　14
カルセドニー（玉髄）　**109**〜112, 114, 116〜118
カルメンルチアルビー　65
頑火輝石　➡エンスタタイト
カーンゴーム　98
干　渉　23, 214
岩　石　8, 10
　シリカに乏しい――　216
　シリカに富む――　216
　――の循環　10, 11
貫入岩体　214
貫入双晶　14, 214
貴金属　**42**〜48
希少性　9
黄水晶　➡シトリン
貴　石　8
輝　石　145, 146, 148, 149, 215
貴蛋白石　➡プレシャスオパール
希土類鉱物　215
絹光沢　22
キャシテライト（錫石）　**70**
キャストライト（空晶石）　187
キャッツアイ　14, 23, 30, 72, 88, 94, 105, 107, 123, 129, 136, 144〜146, 164, 187
キャッツアイクォーツ（猫目石）　**105**
キャッツアイクリソベリル（猫目石）　**69**
キューブライト（赤銅鉱）　**58**
共生鉱物　215
玉　髄　➡カルセドニー
ギルソンエメラルド　35
金　24, 26, 42, **44**〜46
　産業用の――　45
銀（自然銀）　15, 31, 42, **43**
金紅石　➡ルチル
菫青石　➡アイオライト
金属光沢　22, 215
キンバーライト　26
くさび石　➡スフェーン
孔雀石　➡マラカイト
グースベリーガーネット　181
屈折率　21, 215
苦土電気石　➡ドラバイト
クーパーペディ　121
苦ばんざくろ石　➡パイロープ
クリスタル　96
クリソコラ（珪孔雀石）　**140**
クリソタイル　138
クリソプレーズ（緑玉髄）　**110**
クリソベリル（金緑石）　14, 23, 68, 69, 105
グリーンサファイア　63
クレオパトラ鉱山　133, 170
クレージーレース　114

クロシドライト　105, 107
グロッシュラー（灰ばんざくろ石）　**181**, 182
クロムエンスタタイト　145
クロムダイオプサイド　146
クンツァイト　**148**
珪　化　215
珪孔雀石　➡クリソコラ
蛍光（現象）　74, 95
珪酸塩鉱物　16, 96〜131, 134〜169, 172〜199
珪線石　➡シリマナイト
珪長質岩（酸性岩）　215
結　晶　8, **12**〜15
　――の成長　14
　――の対称性　12
結晶軸　215
結晶面　13, 14
月長石　➡ムーンストーン
ケープエメラルド　144
煙水晶　➡スモーキークォーツ
原　石　10, 215
元素鉱物　16, 215
研　磨　**30**
コイヌールダイアモンド　53, 132
硬岩採掘（ハードロックマイニング）　26
鋼玉（コランダム）　18
硬　玉　➡ジェダイト
合成エメラルド　35
合成オパール　35
合成ダイアモンド　51
合成宝石　**34**, 35
合成ルチル　71
合成ルビー　60
鉱　石　215
交代鉱床　215
光　沢　22, 215
紅柱石　➡アンダルーサイト
硬　度　18
鉱　物　8, 12〜17
　生物のつくる――　16
　――の分類　16
鉱物グループ　215
黒　玉　➡ジェット
黒太子のルビー　17, 64
黒曜石　➡オブシディアン
苔メノウ（モスメノウ）　14, 15, 114, 115
ゴーシェナイト　**166**
コーディエライト（菫青石）　158
コーティング　33
コーネリアン　➡カーネリアン
コーネルピン　**178**
こはく　8, 11, 16, 22, 24, **203**
コーパル　11, **205**
コモンオパール（普通蛋白石）　21, **119**
固溶体　215
コランダム（鋼玉）　16, 17, 20, 59〜62, 64
ゴールデンサンストーン　126
ゴールドストーン　104
ゴールドラッシュ　**46**, 47
コンキオリン　11, 209, 212
コンクリーション　81, 215
金剛光沢　22, 50, 215

【さ】

採　堀　132, 133
再結晶　215
再　生　33
サウスアフリカンジェイド　181
サーエサン鉱山　133
砂鉱採掘　27
砂鉱床　195, 215
サテンスパー　22, 94
サード　**118**
サードニクス　117, **118**
サファイア　8, 10, 14, 23, 24, 27, 32, 37, 59, 61〜**64**, 65
　聖エドワードの――　62
サーペンチン（蛇紋石）　37, **138**
サーペンチンマーブル　138
酸　化　215
酸化鉱物　16, 57〜63, 66〜71
サンゴ　11, 202, **212**
三斜晶系　13
酸処理　106
サンストーン（日長石）　29, 104, 126, **128**, 215
三方晶系　12
ジェダイト（硬玉、翡翠輝石）　133, **150**, 151
ジェット（黒玉）　11, 15, 31, 87, 162, 202, **204**
シェパードダイアモンド　51
シェーライト（灰重石）　**95**
ジェリーオパール　122
色　帯　59, 62, 63, 91, 101〜103
自　色　20
自然銀　➡銀
紫蘇輝石　➡ハイパーシーン
シトリン（黄水晶）　20, 21, 98, **101**, 102
ジプサム　➡セレナイト
シブリン　174
脂肪光沢　22
縞模様（縞状、縞目）　73, 74, 79, 81, 82, 106, 111, 114, 117, 118
四面体結晶　215
ジャーゴン（ジャーグーン）　191

索引

ジャスパー（碧玉） **113**
斜長石　125〜128
シャトヤンシー　23, 69, 105, 107, 215
斜方晶系　13
蛇紋石　➡サーペンチン
集合体　215
十字石　➡スタウロライト
重晶石　➡バライト
充　填　33
樹　脂　73, 203, 205
樹脂光沢　22, 215
樹枝状晶癖　15, 215
準長石　135, 215
条　線　14, 215
晶洞（ジオード）　215
鍾乳石状晶癖　216
晶　癖　14, 15, 216
ショール（鉄電気石）　**162**
シラー（効果）　123, 127, 129, 216
シリマナイト（珪線石）　**195**
ジルコン　12, 22〜24, 32, **190**, 191
真珠（パール）　11, 16, 37, 39, 202, **209**
　　──の色　211
　　──の養殖　**210**, 211
真珠貝　206, 207, 209
真珠光沢　22
真珠層（貝殻の）　11, 22, 202
針状晶癖　15, 216
針状断口　216
水酸化鉱物　16, 72
水晶（ロッククリスタル、石英）　20, 32, 37, **96**, 97, 99
錐状晶癖　15, 216
翠銅鉱　➡ダイオプテーズ
水磨礫　191, 216
錐　面　12
スカポライト（柱石）　**136**
スカーレットエメラルド　168
スギライト（杉石）　**157**
錫　石　➡キャシテライト
スター　14, 23, 59, 60, 62, 66, 71, 100, 146, 179
スタウロライト（十字石）　10, 14, **196**
スターオブアジア　65
スターオブクイーンズランド　64
スタビライズド処理　87
ステアタイト　139
ステップカット　29
スノーフレークオブシディアン（雪の華、雪片黒曜石）　200
スパングル　14, 128
スピネル（尖晶石）　17, 24, 64, 66, 67
スファレライト（閃亜鉛鉱）　16, **54**
スフェーン（くさび石）　29, 70, **197**
スペサルティン（満ばんざくろ石）　**185**
スポジューメン（リチア輝石）　147, 148
スミソナイト（菱亜鉛鉱）　22, **77**
スモーキークォーツ（煙水晶）　**98**, 101
スモーキートパーズ　98
ズルタナイト　72
青金石　➡ラズライト
脆弱性　19
正長石　➡オーソクレース
正方晶系　12
ゼオライト（沸石）　216
石英（クォーツ、水晶）　18, 71, 96, 98〜102, 104〜109
赤鉄鉱　➡ヘマタイト
赤銅鉱　➡キューブライト
石化作用　216
雪花石膏　➡アラバスター
石　膏　➡セレナイト
接触双晶　14, 216
セピオライト　142
セルサイト（白鉛鉱）　19, **80**
セレスチン（天青石）　10, **92**
セレナイト（ジプサム、石膏）　13, 18, 93, **94**
閃亜鉛鉱　➡スファレライト
尖晶石　➡スピネル
染　色　33
選択吸収　216
選　別　27
ゾイサイト（灰簾石）　**176**
曹灰長石　➡ラブラドライト
象牙（アイボリー）　11, 36, **213**
曹長石　➡アルバイト
双　晶　14, 124, 196, 216
組　織　216
ソーダライト（方ソーダ石）　**134**
ソープストーン（タルク）　**139**

【た】

ダイアスポア　16, **72**
ダイアモンド　8〜10, 16, 18, 21, 22, 24, 26, 27, 32, 33, 37, 49, **50**, 51, **52**, 53, 132
　　合成──　51
ダイオプサイド（透輝石）　29, **146**
ダイオプテーズ（翠銅鉱）　**156**
タイガーアイ（虎目石）　33, 105, 106
タイガーアイアン（鉄虎目石）　106
耐久性　9
堆積岩　10, 216
卓状晶癖　216
ターコイズ　➡トルコ石
ターコナイト　90
他　色　20
多色性　21, 72, 89, 136, 147, 156, 158, 160, 175, 177, 178, 187〜189, 192, 195, 197, 216
ターフェアイト（ターフェ石）　**67**
タルク　➡ソープストーン
タングステン酸塩鉱物　95
断口（割れ口）　19, 216
　不平坦な──　19
タンザナイト　8, 29, **177**
炭酸塩鉱物　16, 76〜82
炭酸カルシウム　206
単斜晶系　13
誕生石　37
タンビュライト　**172**
タンブリング研磨　87, 97, 106, 111, 162, 200, 216
端　面　13, 216
チェシーライト　81
チタナイト　197
着　色　109, 111, 115
柱状結晶　103
柱状晶癖　15, 216
柱　石　➡スカポライト
沖積層　216
柱　面　12, 15
彫刻（カービング）　31
長　石　23, 104
チョコレートオパール　121
ツァボライト　181, 183
ツタンカーメン王　36, 76, 133, 170, 171
ディオニソス　103
ディスシーン（二硬石）　192
テクタイト　201
鉄電気石　➡ショール
鉄ばんざくろ石　➡アルマンディン
テーブルファセット　28
デマントイド　180
デュモルチェライト　**188**
テューライト（桃簾石）　15, 30, 176
天青石　➡セレスチン
天藍石　➡ラズーライト
透輝石　➡ダイオプサイド
等級分け　27

索引

等軸晶系　12
透明度　9
土光沢　22, 216
トパーズ（黄玉）　10, 13, 17, 19, 24, 32, 37, 101, **198**, 199
トーモアイト　175
ドライボーン　77
ドラバイト（苦土電気石）　**163**
トラバーチン　76
虎目石　➡タイガーアイ
トランスバールジェイド　181
トリカラー　21
トルコ石（ターコイズ）　22, 24, 33, 37, 83, **86**, 87, 90, 132, 171
トルマリン（電気石）　17, 24, 160, 162, 163
ドレスデングリーンダイアモンド　32, 52
トレモライト（透閃石）　153

【な】

内包　203, 205
軟玉　➡ネフライト
軟体動物　206, 209
二十四面体結晶　216
二色性　70, 163, 165, 216
日長石　➡サンストーン
ネイティブアメリカン　87, 99, 132, 140, 200, 202, 207
猫目石　➡キャッツアイクォーツ，キャッツアイクリソベリル
熱水鉱床　216
熱水鉱脈　10, 216
ネフライト（軟玉）　19,133,150, **153**〜155
粘靭性　19
粘土　216
ノジュール（団塊）　216

【は】

バイカラー　21
バイトウナイト（亜灰長石）　**126**
ハイパーシーン（紫蘇輝石）　**149**
パイライト（黄鉄鉱）　12,16,18, 22, **55**, 56
パイロープ（苦ばんざくろ石）　**184**
ハウライト（ハウ石）　16, 33, **90**
白鉛鉱　➡セルサイト
白鉄鉱　➡マーカサイト
八面体結晶　216
白金　➡プラチナ
パーティカラー　21

パパラッチャ　**61**, 62
バライト（重晶石）　16, **91**
パライバ　161
バラ輝石　➡ロードナイト
貼り合せ石　34
針入り水晶　➡ルチルクォーツ
バリコイズ　83
バリスサイト（バリッシャー石）　**83**
パール　➡真珠
ハロゲン化鉱物　16, 73〜75
半貴石（ハードストーン）　8, 31, 106, 107, 109
半金属　217
板状晶癖　217
パンニング　➡椀がけ
パンニング皿　26, 27
ビオラン　146
光の測定　23
ビクスバイト　168
ヒゲ銀　42
微斜長石　➡マイクロクリン
比重　18, 217
非晶質　15
微晶質　217
ビショップグレード　102
ビーズ　30
翡翠（ジェイド）　8, 19, 22, 24, 30, 31, 49, 133, 150, 151, 153
　中国の――　**154**, 155
翡翠輝石　➡ジェダイト
ビスマルクサファイア　65
火蛋白石　➡ファイアオパール
ヒッデナイト　**147**
ヒヤシンス（ジャシンス）　191
漂白　33
微量元素　17, 20, 64, 166, 190
ピンクカルセドニー　109
ピンクグロッシュラー　**183**
ピンクサファイア　62, 63
ピンクダイアモンド　51
ピンクベリル　165
ファイア　8, 23, 197, 217
ファイアオパール（火蛋白石）　49, 119, **122**
ファイアメノウ　116
ファセット（ファセッティング）　28, 217
ファンシーカラーダイアモンド　50
ファンシーサファイア　**62**
フィブロライト　195
フェナカイト　**194**
フォスフォフィライト（燐葉石）　**143**
フォーティーナイナーズ　46

フォーティフィケーションメノウ　114
複屈折　21, 197, 217
副成分鉱物　217
普通角閃石　149
普通蛋白石　➡コモンオパール
ぶどう状晶癖　15, 217
ぶどう石　➡プレーナイト
ブラウンダイアモンド　70
ブラジリアナイト（ブラジル石）　**84**
ブラジリアンメノウ　114
プラズマ　112
プラチナ（白金）　42, **48**
ブラックオパール　121
フラックス法　34, 35
ブラッドストーン（ヘリオトロープ）　**112**
ブリリアントカット　28, 29, 50
フルオライト　➡ほたる石
ブルーサファイア　9,16, **59**, 61, 62
ブルージョン　9, **73**, 74
ブルーハートダイアモンド　52
プレシャスオパール（貴蛋白石）　10, 23, 119, **120**, 121
ブレーズ　110
プレーナイト（ぶどう石）　**144**
フロースパー　74
ブロンザイト（古銅輝石）　149
分散（光の）　95,159,180,190, 217
噴出岩　217
平板　30
劈開　19, 29, 75, 217
碧玉　➡ジャスパー
ペグマタイト　217
ベスビアナイト（ベスブ石）　17, **174**
ペタライト（葉長石）　137, **141**
ヘッソナイト（シナモンストーン）　29, 181, **182**
紅玉髄　➡カーネリアン
紅水晶　➡ローズクォーツ
ベニトアイト　**159**
ヘビースパー　91
ヘマタイト（赤鉄鉱）　**57**
ヘリオドール　**167**
ヘリオトロープ　➡ブラッドストーン
ペリステライト　125
ペリドット　10, 24, 37, **193**
ベリル（緑柱石）　164〜169
ペルシアンターコイズ　86
ベルデライト　160
偏三角面体結晶　217
変成岩　10, 217

変成作用　10, 11, 217
変成生成物　94, 139, 217
偏菱二十四面体結晶　217
方解石（カルサイト）　10, 18, **76**, 93, 170, 171, 206, 208
硼酸塩鉱物　16, 90
放射線照射　32, 50, 98
宝　石　217
　合成──　**34**, 35
　古代エジプトの──　**170**, 171
　古代の──　161
　古代の──採掘　**132**, 133
　生物のつくる──　10, 11, **202**〜213
　──の色　9, 20
　──の価値　9
　──のカット　**28**, 29, 37
　──の購入　39
　──の採掘　**26**, 27
　──の産地　**24**, 25
　──の収集　**38**, 39
　──の生成　**10**, 11
　──の名前のつけ方　17
　──の分類　**16**, 17
　──の保管　39
　──の歴史　**36**, 37
方ソーダ石　➡ソーダライト
母　岩　217
ホークスアイ　105, **107**
ほたる石（フルオライト）　16, 18, 73, **74**, 75
ポッチオパール　119, 121, 217
ホープダイアモンド　52, 53, 132
彫りこみ（エングレービング）　**30**, 31
ポルサイト（ポルクス石）　**137**
ホールサファイア　64
ボルダーオパール　120
ボルツダイアモンド　50
ホワイトサファイア　62
ホワイトターコイズ　90
ホワイトバッファローターコイズ　90

【ま】

マイクロクリン（微斜長石）　**124**
マーカサイト（白鉄鉱）　16, 55, **56**
マグマ　10, 200, 217
マトンファットジェイド（羊脂玉）　153
マラカイト（孔雀石）　8, 20, 81, **82**
マラヤガーネット　185
マルモ・ディ・カステッリーナ　93

満ばんざくろ石　➡スペサルティン
ミスティックトパーズ　33
ミックスドカット　29
脈　217
ミルキークォーツ　12, **99**
民間伝承　**36**, 37
無艶光沢　217
紫水晶　➡アメシスト
ムーンストーン（月長石）　23, 31, 123, **129**, 217
メアシャム（海泡石）　22, **142**
メインファセット　28
メガジェム　199
メガトパーズ　199
メキシカンウォーターオパール　122
メキシカンファイアオパール　122
メキシカンレースメノウ　114
メノウ（アゲート）　14, 15, 31, 33, **114**〜116
メラナイト　180
面　217
網　状　217
モカストーン　114
モース硬度　18
モリオン　98
モルガナイト　**165**
モルダバイト　**201**
モンタナサファイア　63

【や】

遊　色　120, 121, 127, 187, 208, 209
ユークレース　**189**
油　浸　33
ユナカイト　175
溶　岩　217
妖精の十字架　196
葉長石　➡ペタライト

【ら】

ラインストーン　96
ラズライト（青金石）　15, 16, 89, **130**, 131
ラズーライト（天藍石）　**89**
ラピスラズリ（瑠璃）　26, 36, 37, 49, 64, 89, **130**, 131, 133, 134, 170, 171
ラブラドライト（曹灰長石）　23, **127**
ラベンダーサファイア　63
藍晶石　➡カイヤナイト
藍銅鉱　➡アズライト
藍方石　➡アウイン
リザーダイト　138

リチアエメラルド　147
リチア電気石　➡エルバイト
リチウム　141
立方晶系　12
リディコアタイト　160
硫化鉱物　16, 54〜56
硫酸塩鉱物　16, 91〜94
粒状組織　217
菱亜鉛鉱　➡スミソナイト
両錐状　15
菱マンガン鉱　➡ロードクロサイト
菱面体結晶　217
緑玉髄　➡クリソプレーズ
緑柱石（ベリル）　18
緑簾石　➡エピドート
燐灰石　➡アパタイト
輪座双晶　14
燐酸塩鉱物　16, 83〜89
燐葉石　➡フォスフォフィライト
ルージュ　57
ルース　38, 39
ルチル（金紅石）　14, 15, 62, **71**, 105
　合成──　71
ルチルクォーツ（ルチレイテッドクォーツ, 針入り水晶）　**108**
ルチルスモーキークォーツ　108
ルビー　8〜10, 17, 20, 24, 32, 34, 37, **60**, 61, **64**〜66
　合成──　60
ルビージング　54
ルビースピネル　66
ルビーブレンド　54
ルブライト　157
ルベライト　17, 160, 161
瑠　璃　➡ラピスラズリ
レーザードリリング　33
レッドエメラルド　**168**
レッドオーカー　57
レッドジャスパー　112, 113
レッドベリル　**168**
連　晶　217
蝋光沢　22
ローガンサファイア　64
ローズクォーツ（紅水晶）　**100**
ロッククリスタル　➡水晶
ロッサーリーブスルビー　65
六方晶系　12
ロードクロサイト（菱マンガン鉱）　20, **78**
ロードナイト（バラ輝石）　**152**
ロードライト　184

【わ】

椀がけ（パンニング）　27, 38, 47

謝　辞

Produced in collaboration with the Smithsonian Institution, in Washington, DC, USA, the world's largest museum and research complex. This renowned research centre is dedicated to public education, national service, and scholarship in the arts, sciences, and history.

Smithsonian Enterprises
Carol LeBlanc, Vice President; Brigid Ferraro, Director of Licensing; Ellen Nanney, Licensing Manager; Kealy Wilson, Product Development Coordinator.

The publisher would like to thank Steve Setford for proof reading.

The publisher would also like to thank the following people: Greg Dennis, Mark Cook, and Steve and Karen Ottewill at Ottewill Silversmiths (http://www.ottewill.co.uk); Jason Holt, Susi Smither, and Laure Berdoz at Holts Lapidary (www.holtslapidary.com) for their help with images; and Richard Leeney for the photography.

DK India would like to thank Rohini Deb for editorial assistance; and Amit Malhotra and Suhita Dharamjit for design assistance.

The publisher would like to thank the following for their kind permission to reproduce their photographs:

(Key: a-above; b-below/bottom; c-centre; f-far; l-left; r-right; t-top)

2–3 Alamy Images: blickwinkel. **6–7 Getty Images:** John W Banagan. **8 Smithsonian Institution, Washington, DC, USA:** (cl, cr, b). **9 Smithsonian Institution, Washington, DC, USA:** (c, cr). **11 Getty Images:** Siegfried Layda (b). **13 Dorling Kindersley:** Courtesy of the Natural History Museum, London / Colin Keates (tr). **Smithsonian Institution, Washington, DC, USA:** (bc, br). **16 Smithsonian Institution, Washington, DC, USA:** (cr). **17 Corbis:** Atlantide Phototravel (b); Hulton-Deutsch Collection (tr). **Smithsonian Institution, Washington, DC, USA:** (ca). **18 Corbis:** Scientifica / Visuals Unlimited (r). **19 Smithsonian Institution, Washington, DC, USA:** (tr). **21 Smithsonian Institution, Washington, DC, USA:** (t). **24–25 Corbis:** Frederic Soltan / Sygma (b). **25 Getty Images:** LatinContent (t). **26 Getty Images:** DEA (tr); Brendan Ryan (cr). **26–27 Corbis:** John Carnemolla (b). **27 Getty Images:** Lihee Avidan (tl); Per-Anders Pettersson (cr). **28 Corbis:** Charles O'Rear (bl). **29 Corbis:** Dean Conger (br). **Dorling Kindersley:** Bonhams / Judith Miller (tc). **32 Alamy Images:** The Natural History Museum (b). **33 Alamy Images:** Greg C Grace (crb); PhotoStock-Israel (c). **34 Corbis:** Peter Ginter (b). **Dorling Kindersley:** Courtesy of the Natural History Museum, London / Colin Keates (cr). **35 Alamy Images:** Zoonar GmbH (tr). **Dorling Kindersley:** Courtesy of the Natural History Museum, London / Colin Keates (tc). **Robert Fosbury:** (br). **36 Alamy Images:** The Art Archive (clb). **Corbis:** Bettmann (c). **Dorling Kindersley:** Courtesy of the Natural History Museum, London / Colin Keates (cb); Sloan's / Judith Miller (br). **Getty Images:** A. DAGLI ORTI / DEA (bc). **37 The Bridgeman Art Library:** (br). **38 Corbis:** Charles O'Rear (b). **39 Corbis:** Alain Denize / Kipa (tr); Bob Krist (br). **42 Corbis:** Steve Vidler (b); Werner Forman Archive / Werner Forman (tr). **Dorling Kindersley:** Courtesy of the Natural History Museum, London / Colin Keates (clb). **Science Photo Library:** Jim Amos (crb). **43 Trustees of the National Museums of Scotland:** Geoff Dann (t). **44 Corbis:** David Lees (t). **Dorling Kindersley:** Courtesy of the Natural History Museum, London (tl). **45 Corbis:** Araldo de Luca (c). **Dorling Kindersley:** The Trustees of the British Museum (br); N. Bloom & Son Ltd. / Judith Miller (clb); Courtesy of the Natural History Museum, London / Colin Keates (crb); Christi Graham and Nick Nicholls / The Trustees of the British Museum (bl). **Science Photo Library:** Chris Gunn (tl). **46 Corbis:** Bettmann (cl). **Getty Images:** MPI / Stringer (tr). **46–47 Getty Images:** Don Grall (b). **47 Corbis:** (t). **Smithsonian Institution, Washington, DC, USA:** (clb). **48 Dorling Kindersley:** Macklowe / Judith Miller (br). **The Goldsmiths' Company:** Leo De Vroomen (t). **49 Getty Images:** Orien Harvey (b). **Smithsonian Institution, Washington, DC, USA:** (t, cl, c, clb). **51 Dorling Kindersley:** Courtesy of the Natural History Museum, London / Colin Keates (tr); Wallis and Wallis / Judith Miller (br). **Getty Images:** Time & Life Pictures (tl). **Science Photo Library:** Vaughan Fleming (ca). **Smithsonian Institution, Washington, DC, USA:** (bc, cl, cr, clb, crb). **52 Corbis:** Michael Freeman (bl). **Smithsonian Institution, Washington, DC, USA:** (tl). **52–53 Smithsonian Institution, Washington, DC, USA:** (c). **53 Getty Images:** Tim Graham (cr). **Smithsonian Institution, Washington, DC, USA:** (tl, tr, br). **61 Alamy Images:** Rhea Eason (cl). **63 Alamy Images:** Greg C Grace (tr). **Ron Bonewitz:** (br). **Dorling Kindersley:** Sloan's / Judith Miller (cra); HY Duke and Son / Judith Miller (cr). **Smithsonian Institution, Washington, DC, USA:** (cl). **64 Getty Images:** Hector Mata / AFP (cl). **Smithsonian Institution, Washington, DC, USA:** (c, bl). **65 Smithsonian Institution, Washington, DC, USA:** (t, tr, bl). **68 Dorling Kindersley:** Courtesy of the Natural History Museum, London / Colin Keates (cl). **Smithsonian Institution, Washington, DC, USA:** (t). **69 Smithsonian Institution, Washington, DC, USA:** (cl). **71 Corbis:** José Manuel Sanchis Calvete (t). **73 Alamy Images:** The Natural History Museum (t). **74 Smithsonian Institution, Washington, DC, USA:** (t). **75 Alamy Images:** Greg C Grace (br). **Science Photo Library:** Paul Biddle (tr). **Smithsonian Institution, Washington, DC, USA:** (clb). **76 Corbis:** Sandro Vannini (t). **78 Dorling Kindersley:** Courtesy of the Natural History Museum, London / Harry Taylor (cl). **79 Gem Testing Laboratory, Jaipur, India:** Gagan Choudhary (t). **82 Dorling Kindersley:** Courtesy of the Natural History Museum / Colin Keates (tr). **86 Smithsonian Institution, Washington, DC, USA:** (br). **87 Alamy Images:** Caroline Eastwood (tl). **Dorling Kindersley:** Ark Antiques / Judith Miller (tr); Van Den Bosch / Judith Miller (bc). **93 Dorling Kindersley:** Clevedon Salerooms / Judith Miller (t). **94 Alamy Images:** Fabrizius Troy (t). **97 Alamy Images:** Guillem Lopez (bl). **Dorling Kindersley:** Courtesy of the Statens Historiska Museum, Stockholm / Peter Anderson (c); Courtesy of the Natural History

Museum, London / Colin Keates (tl, tr); Courtesy of the Natural History Museum, London / Harry Taylor (cl); John Jesse / Judith Miller (cb); Gorringes / Judith Miller (br). **Smithsonian Institution, Washington, DC, USA:** (clb). **98 Dorling Kindersley:** Jewellery design by Maya Brenner Designs / Ruth Jenkinson (bl). **101 Dorling Kindersley:** Courtesy of the Natural History Museum, London / Colin Keates (cl). **103 Dorling Kindersley:** ARF/TAP (tl); Circa 1900 / Judith Miller (cl). **Smithsonian Institution, Washington, DC, USA:** (tr). **106 Dorling Kindersley:** Jewellery design by Maya Brenner Designs / Ruth Jenkinson (br); Courtesy of the Natural History Museum, London / Colin Keates (t, clb). **109 Corbis:** Francis G. Mayer (t). **Dorling Kindersley:** Fellows & Sons / Judith Miller (br). **110 Dorling Kindersley:** N. Bloom & Son Ltd. / Judith Miller (br). **112 Dorling Kindersley:** Courtesy of the Natural History Museum, London / Colin Keates (tr). **115 akg-images:** historic-map (tl). **Dorling Kindersley:** Courtesy of the Natural History Museum, London / Colin Keates (bl); Lynn & Brian Holmes / Judith Miller (cl); Wallis and Wallis / Judith Miller (br); N. Bloom & Son Ltd. / Judith Miller (crb). **116 Alamy Images:** Natural History Museum, London (cl). **Smithsonian Institution, Washington, DC, USA:** (clb). **118 Dorling Kindersley:** Joseph H Bonnar / Judith Miller (br). **119 Dorling Kindersley:** Courtesy of the Natural History Museum, London / Colin Keates (cl). **120 Alamy Images:** Zoonar GmbH (t). **Corbis:** Visuals Unlimited (cla). **121 Corbis:** Stéphane Lemaire / Hemis (tc). **Dorling Kindersley:** Fellows & Sons / Judith Miller (clb). **Smithsonian Institution, Washington, DC, USA:** (cla, ca, tr, c, cb). **123 Dorling Kindersley:** Courtesy of the Natural History Museum, London / Harry Taylor (cl). **Smithsonian Institution, Washington, DC, USA:** (bl). **126 iRocks.com/Rob Lavinsky Photos:** (t). **128 Dorling Kindersley:** Courtesy of the Natural History Museum, London / Colin Keates (cl, br). **129 Dorling Kindersley:** Courtesy of the Natural History Museum, London / Colin Keates (bl); Van Den Bosch / Judith Miller (br). **130 Smithsonian Institution, Washington, DC, USA:** (tc). **131 Getty Images:** De Agostini (tr); A. DAGLI ORTI / DEA (cr). **Science Photo Library:** Joel Arem (cl). **132 Corbis:** Sheldan Collins (b). **Getty Images:** Danita Delimont (tl). **133 Alamy Images:** Charles Stirling (Travel) (br). **Corbis:** Mark Moffett (ca). **Getty Images:** G. DAGLI ORTI / DEA (c, bl); Robert Nickelsberg (tl). **135 iRocks.com/Rob Lavinsky Photos:** (t). **137 iRocks.com/Rob Lavinsky Photos:** (t). **138 Dorling Kindersley:** Courtesy of the Natural History Museum, London / Colin Keates (clb). **139 Dorling Kindersley:** Courtesy of the Natural History Museum, London / Colin Keates (clb). **142 Dorling Kindersley:** T W Conroy / Judith Miller (br). **147 Smithsonian Institution, Washington, DC, USA:** (tr). **148 Smithsonian Institution, Washington, DC, USA:** (clb, br). **150 Dorling Kindersley:** Sloan's / Judith Miller (br). **151 Dorling Kindersley:** Courtesy of the Natural History Museum, London / Colin Keates (cb). **Getty Images:** Universal Images Group (br). **152 Dorling Kindersley:** Courtesy of the Natural History Museum, London / Colin Keates (cl). **153 Dorling Kindersley:** Courtesy of the Natural History Museum, London / Colin Keates (cr); Blanchet et Associes / Judith Miller (br). **156 iRocks.com/Rob Lavinsky Photos:** (t). **158 Dorling Kindersley:** Courtesy of the Natural History Museum, London / Colin Keates (cl, bl). **159 Alamy Images:** The Natural History Museum (t). **161 The Bridgeman Art Library:** Ashmolean Museum, University of Oxford, UK (tl). **Dorling Kindersley:** Ark Antiques / Judith Miller (c). **Smithsonian Institution, Washington, DC, USA:** (tr). **162 Alamy Images:** Arco Images GmbH (t). **163 Dorling Kindersley:** Courtesy of the Natural History Museum, London / HY Duke and Son / Judith Miller (br). **167 Dorling Kindersley:** Courtesy of the Natural History Museum, London / Colin Keates (bl). **168 iRocks.com/Rob Lavinsky Photos:** (t). **169 Smithsonian Institution, Washington, DC, USA:** (br). **170 Dorling Kindersley:** Peter Hayman / The Trustees of the British Museum (bc, br). **Getty Images:** De Agostini (cl); S. Vannini / DEA (c). **171 Corbis:** Sandro Vannini (t). **Dorling Kindersley:** Peter Hayman / The Trustees of the British Museum (br). **Getty Images:** Robert Harding (b). **176 Alamy Images:** Greg C Grace (bl). **179 Dorling Kindersley:** Courtesy of the Natural History Museum, London / Colin Keates (cl, br). **180 Smithsonian Institution, Washington, DC, USA:** (cl). **183 Dorling Kindersley:** Courtesy of Oxford University Museum of Natural History / Gary Ombler (cl). **Science Photo Library:** Joel Arem (t). **184 Dorling Kindersley:** Courtesy of the Natural History Museum, London / Colin Keates (cl). **191 akg-images:** Gerard Degeorge (bl). **Dorling Kindersley:** Joseph H Bonnar / Judith Miller (c). **193 Alamy Images:** Antiques & Collectables (br). **197 Dorling Kindersley:** Courtesy of the Natural History Museum, London / Colin Keates (bl). **198 Dorling Kindersley:** Courtesy of the Natural History Museum, London / Colin Keates (tr); Courtesy of the Natural History Museum, London / Harry Taylor (t). **199 Dorling Kindersley:** Courtesy of the Natural History Museum, London / Colin Keates (cla, bl); Cristobal / Judith Miller (cr); Courtesy of the Natural History Museum, London / Colin Keates (cla, bl). **Getty Images:** L. Douglas / DEA (bc). **Smithsonian Institution, Washington, DC, USA:** (tl, tr). **200 Dorling Kindersley:** Courtesy of the Natural History Museum, London / Colin Keates (bl); Courtesy of the Natural History Museum, London / Harry Taylor (cl). **202 Corbis:** Werner Forman (cr); Tetra Images (b). **Dorling Kindersley:** Take-A-Boo Emporium / Judith Miller (c). **206 Dorling Kindersley:** N. Bloom & Son Ltd. / Judith Miller (tc). **207 Dorling Kindersley:** Wallis and Wallis / Judith Miller (tc); Cristobal / Judith Miller (clb). **Getty Images:** De Agostini Picture Library (cl); SSPL (bl). **208 Gem Testing Laboratory, Jaipur, India:** Gagan Choudhary (cl). **209 Dorling Kindersley:** Roxanne Stuart / Judith Miller (c); Terry & Melody Rodgers / Judith Miller (br). **210 Getty Images:** Tobias Bernhard (b); DEA (cl). **211 Corbis:** Elio Ciol (br). **Dorling Kindersley:** William Wain at Antiquarius / Judith Miller (tl); Fellows & Sons / Judith Miller (bc). **Smithsonian Institution, Washington, DC, USA:** (c, clb). **212 Dorling Kindersley:** Cristobal / Judith Miller (br). **213 Dorling Kindersley:** Courtesy of the University Museum of Zoology, Cambridge / Frank Greenaway (cl).

All other images
© Dorling Kindersley
For further information see:
www.dkimages.com